LE COUP DE MARTEAU SUR LA TÊTE DU CHAT

Du même auteur

AUX MÊMES ÉDITIONS

Au fond du labo à gauche
De la vraie science pour rire
Seuil, « Science ouverte », 2004
et « Points sciences », 2006

Viande froide cornichons
Dans les annales des sciences médico-légales...
Seuil, « Science ouverte », 2006
et « Points sciences », 2007

Sexe machin
Quand la science explore la sexualité
Seuil, « Science ouverte », 2007
et « Points sciences », 2009

Au fond du zoo à droite
Seuil, « Science ouverte », 2009
et « Points sciences », 2012

CHEZ D'AUTRES ÉDITEURS

De la jouissance en littérature
50 leçons
Philippe Rey, 2011

Le Petit Livre des gros égos
PUF, 2013

Écrivains, éditeurs et autres animaux
Flammarion, « Café Voltaire », 2013

Le Seigneur des îles
récit
Stock, 2014

Sorbonne plage
Stock, 2016

ÉDOUARD LAUNET

LE COUP DE MARTEAU SUR LA TÊTE DU CHAT

La science des faits divers

ÉDITIONS DU SEUIL
25, bd Romain-Rolland, Paris XIVe

Certaines de ces chroniques ont été publiées
sur le site de la revue culturelle *Délibéré* (delibere.fr)

ISBN 978-2-02-134866-8

www.seuil.com

« Le fait divers serait une information monstrueuse, analogue à tous les faits exceptionnels ou insignifiants, bref anomiques, que l'on classe d'ordinaire pudiquement sous la rubrique des Varia, tel l'ornithorynque qui donna tant de souci au malheureux Linné. Cette définition taxinomique n'est évidemment pas satisfaisante : elle ne rend pas compte de l'extraordinaire promotion du fait divers dans la presse d'aujourd'hui ; mieux vaut donc poser à égalité le fait divers et les autres types d'information, et essayer d'atteindre dans les uns et les autres une différence de structure, et non plus une différence de classement. »

ROLAND BARTHES, *Structure du fait divers*

Avertissement

Considérez deux titres d'articles récemment parus dans la presse. « Pour se venger de sa mère, il tue son chat à coups de marteau » : c'est un fait divers. « Étude expérimentale de l'embolie gazeuse par voie carotidienne chez le chat » : c'est de la science. Dans les deux cas, le chat a passé un mauvais quart d'heure. Dans les deux cas, les faits se sont produits à Marseille, dans un quartier défavorisé de la ville pour l'un, à l'Institut de neurophysiologie et psychophysiologie pour l'autre. Mais quant au reste, tout diffère. Premièrement, ces deux événements n'ont pas eu le même écho : le premier article a régalé les quelques milliers de lecteurs du quotidien *La Provence*, tandis que le second a été publié par le *Journal of Electroencephalography and Clinical Neurophysiology* avec un retentissement évidemment bien moindre. Ensuite, le premier chat est mort pour rien, alors que les autres (l'étude a nécessité dix-huit animaux, dans le sang desquels a été injecté du gaz), victimes de lésions plus ou moins sérieuses, ont fait progresser la connaissance sur les embolies. D'un côté un accident, c'est-à-dire le fortuit ; de l'autre un projet, c'est-à-dire le construit.

Les faits divers peuvent susciter beaucoup d'intérêt et de curiosité, ils n'en laissent pas moins le monde fondamentalement inchangé, excepté pour leurs acteurs morts ou blessés. Ce sont souvent des drames, certes, mais ce ne sont que des drames. À moins que la chose ne devienne un sport national, il n'y a pas de loi générale à tirer d'un aplatissement de chat à coups de marteau, sauf dans le domaine de la psychopathologie éventuellement. Les faits scientifiques, eux, atteignent rarement les médias grand public, et pourtant ils modifient subtilement l'ordre des choses. Pour les plus importants d'entre eux, ils définissent clairement un avant et un après. D'un strict point de vue rationnel, cette différence de réception des uns et des autres apparaît donc comme une anomalie.

Bien sûr, nous savons que le rationnel n'occupe qu'une place relative dans nos vies. Et nous savons aussi que les chances sont minces de voir demain les journaux se mettre à consacrer autant de place aux progrès des sciences qu'aux meurtres, escroqueries, friponneries et chats écrasés. D'où cette idée: pourquoi ne pas traiter le fait scientifique comme un fait divers, et – plus ardu – le fait divers comme un fait scientifique ? Eh bien, c'est précisément ce à quoi va s'employer cet ouvrage, via l'analyse d'une soixantaine de cas, non par prosélytisme ou souci d'équité mais par simple goût de l'expérience.

Il n'est pas vain de chercher à tisser des liens entre les connaissances scientifiques et les petites actualités sans portée générale qui sont le sel de l'information. C'est même un réflexe inné de l'être humain que de chercher à mettre de la cohérence dans des faits qui n'en ont apparemment pas. Il s'agit en fait d'un réflexe de survie ainsi que diverses études expérimentales l'ont démontré, avant que la psychologie évolutionniste ne le théorise. Car les expérimentateurs ont découvert que plonger un individu dans un univers indéchiffrable stimulait ses capacités cognitives, et donc sa capacité de défense. De leur côté, les théoriciens ont avancé que notre goût pour les histoires remontait à l'âge des cavernes, une époque où rassembler un groupe autour d'un conteur accroissait ses chances de survie (on se défend mieux à plusieurs). Notre passion pour les faits divers et notre besoin de comprendre trouveraient donc tous deux leur origine au fond des âges.

Le processus naturel qui amène chacun de nous à bâtir des mondes plus ou moins cohérents à partir de faits divers donnés prend chez les écrivains des proportions considérables. *Madame Bovary* en est l'exemple le plus célèbre et le plus accompli puisque le roman de Gustave Flaubert a eu pour origine une affaire qui eût pu être titrée : « Délaissée par son amant, la femme du médecin se suicide » – ainsi que le fit en 1848 Delphine Delamare, née Couturier, le modèle d'Emma. Depuis, et singulièrement ces toutes dernières années, les romanciers ont régulièrement entrepris de revisiter des histoires sordides pour en extraire divers enseignements sur la nature humaine. Les sciences sociales ont, elles aussi, investi le domaine avec en particulier les travaux de Roland Barthes, lequel fit du fait divers, genre truffé de codes et d'ambiguïtés intéressantes, un passionnant champ d'analyse structurale et linguistique. En quelques pages, l'auteur de *Structure du fait divers* a dit l'essentiel, il n'y a donc pas lieu d'y revenir. Pas plus que nous n'aurons la prétention d'inscrire nos pas dans ceux de Flaubert.

Par contre, nul ne s'était attaché jusqu'à présent à sonder les soubassements scientifiques et techniques des faits divers, c'est-à-dire à rapprocher le champ du fortuit de celui du construit. C'est là toute l'ambition des pages qui suivent. Nous avons procédé de manière fort simple, en croisant ces deux sources extrêmement riches et variées que sont, d'une part, la littérature fait-diversienne, soit une partie conséquente des pages « Société » des journaux, et, d'autre part, la littérature scientifique, c'est-à-dire le corpus presque infini des articles qui paraissent dans les revues savantes. Nous avons favorisé les résultats les plus cocasses car l'autre aspiration – immense et dérisoire – de ce livre est de divertir.

La plus perdue de toutes les journées est celle où l'on n'a pas ri, a écrit Chamfort. L'auteur des *Maximes* n'est pas cité ici par hasard car il fut lui-même l'acteur d'un fait divers tragique. Craignant d'être jeté en prison (pour de complexes histoires politiques), il tenta de se suicider en commençant par se tirer une balle de pistolet dans le visage, qui ne parvint qu'à lui arracher le nez et une partie de la mâchoire, puis en cherchant à s'égorger avec un coupe-papier, mais il rata l'artère. Alors le pauvre homme se planta carrément l'arme dans la poitrine. Sans plus de succès d'ailleurs.

Sébastien-Roch Nicolas de Chamfort n'avait de l'anatomie que de vagues notions, mais il était armé d'une jolie plume et d'un pessimisme profond. Nous plaçons cet ouvrage sanglant sous sa protection.

É. L.

1. Logique

> « Pour se venger de sa mère, il tue son chat à coups de marteau. »
>
> *La Provence*

UN FAIT DIVERS, c'est d'abord un titre. Qui, en général, suffit à donner une idée précise de l'affaire. Nous tenons ici un cas remarquable de concision. Ne manque que le motif de la vengeance (le voici : la mère refusait de donner à son fils de l'argent pour s'acheter du cannabis). Ce déplorable incident a donc eu lieu à Marseille, comme signalé plus haut.

Une mère, un fils, un chat, un marteau. À partir de ces quatre éléments et de deux verbes (venger et tuer), il est possible de développer une combinatoire extrêmement riche, dont tous les produits n'auront cependant pas la même plausibilité. Examinons en logicien les cas les plus intéressants.

– « Pour se venger de son fils, elle tue son marteau à coups de chat. » Cette quasi-inversion de la proposition initiale produit une scène qui, dans le fond, est peu différente : un marteau et une tête de chat entrent en collision, avec décès de l'un des deux – il faudra toutefois que le chat ait la tête très dure pour venir à bout du marteau. Le motif de la vengeance de la mère reste obscur : son fils avait-il mal rangé sa chambre ? Le chat était-il dans la boîte à outils et le marteau dans le panier du chat ? En revanche, la suite de la scène est facile à imaginer : le fils ulcéré saisit ce qu'il reste du chat pour assommer sa mère sous le regard éteint du marteau défunt.

– « Pour se venger du fils, le chat tue la mère à coups de marteau. » Tentons de visualiser la chose. Le chat, que le fils a privé de croquettes, attend la mère derrière une porte, armé d'un marteau de modèle standard qu'il a trouvé sous l'évier et qu'il tient probablement avec sa queue. La mère entre, le chat frappe. Le fils arrive, le chat fait mine de dormir dans son panier tandis que la flaque de sang s'élargit lentement sur le carrelage de la cuisine. Les policiers dépêchés sur la scène du crime embarquent le fils, évidemment. Le chat est confié à une voisine. Il a faim.

– « Pour se venger du marteau, il tue le chat à coups de sa mère. » Il est cette fois assez facile d'imaginer le motif de la vengeance. Le fils vient de se taper sur les doigts en essayant de planter un clou dans un mur en parpaings. Moins aisé est de comprendre pourquoi il tue le chat à coups de mère, la sienne en plus. Quoique : celle-ci l'avait menacé, un jour où il se chamaillait avec son frère, de prendre l'un pour taper sur l'autre. Le fils aura pris la formule au pied de la lettre et, comme dans un film de Tex Avery, il aura aplati Minet avec Maman. Reste cette question : pourquoi est-ce le chat qui trinque ?

– « Pour se venger de son chat, le marteau tue son fils à coups de sa mère. » Nous entrons ici dans un univers parallèle, à la géométrie probablement non euclidienne, qui pourrait être le produit d'une consommation d'acide lysergique. Il ne faut pas exclure que le maître du chat soit le marteau, et que le garçon soit le fils du chat. Mais alors la mère, de qui est-elle la génitrice ?

– « Pour se venger de sa mère, le chat tue son fils à coups de marteau. » Relisez bien cette phrase, car il est possible qu'il s'agisse ici d'un suicide.

– « Pour se venger du marteau, la mère tue son fils à coups de chat. » Là, les choses sont parfaitement claires, mais il est permis de douter que la mère ait joui de toutes ses facultés.

Dans la vraie vie, le garçon, âgé de dix-neuf ans, a immédiatement avoué son crime et reconnu avoir égorgé deux autres chats au cours des mois précédents. Il a coupé la queue de l'un d'eux qu'il a ensuite exhibée devant sa petite sœur âgée de dix ans. Le taux de THC du cannabis marseillais doit être proprement stupéfiant.

Une étude menée par des chercheurs de l'université d'Édimbourg (Écosse) et l'équipe du zoo du Bronx (États-Unis) a montré que les chats domestiques, comme les lions, avaient une structure de personnalité favorisant l'impulsivité et les accès névrotiques. En extrapolant légèrement, il est possible d'en conclure que ces animaux si paisibles en apparence sont des meurtriers en puissance. L'avocat du jeune homme a probablement oublié de signaler ce fait au tribunal : son client a été condamné à deux ans de prison, dont six mois ferme.

2. Ethnologie

> « Il meurt en plein acte sexuel avec un épouvantail. »
>
> *Cronica*

LE DRAME s'est produit dans la campagne argentine. L'épouvantail portait une perruque féminine, était bariolé de rouge à lèvres et, de surcroît, équipé là où il faut d'un tube en plastique long de quinze centimètres. L'homme, âgé de cinquante-huit ans, n'avait sans doute pas les moyens de se payer une poupée gonflable. Morale de l'histoire, s'il en fallait une : jamais épouvantail n'a aussi mal rempli son office, et son orifice.

À ce jour, les annales de la médecine légale restent vierges de toute mention d'un viol d'épouvantail : le cas argentin pourrait bien être sans précédent. Il n'est pas certain cependant que cette affaire intéresse beaucoup les revues de psychopathologie. Ni même celles d'agronomie car l'ingéniosité humaine a trouvé mieux pour effrayer les moineaux : canons, faucons, rubans réflecteurs, installations d'art contemporain de plasticiens oubliables, toutes choses avec lesquelles il est difficile de copuler même en cas de grande frustration sexuelle. Si bien que les épouvantails n'intéressent plus grand monde hormis quelques amateurs d'art brut. On regrettera au passage que le défunt musée des Arts et Traditions populaires n'ait pas eu le temps de leur consacrer une salle avant sa fermeture. Quelques villages français ne continuent-ils pas d'organiser chaque année des « fêtes de l'épouvantail », lesquelles ne ressemblent en rien à des orgies de sexe ?

Chez l'animal, la copulation sans femelle n'est pas rare. Ce comportement baptisé « copulation redirigée » a été particulièrement étudié chez l'oiseau. En Caroline du Sud, des chercheurs ont observé assez longtemps une population de quiscales des marais, qui sont de gros oiseaux noirs, pour prendre l'un d'eux en flagrant délit de coït avec une fleur de magnolia, un autre avec une vieille balle de tennis (ça n'a pas marché), et un autre encore avec une motte de terre. Eussent-ils copulé avec un épouvantail que c'eût été le monde à l'envers !

L'homme sans femelle préfère généralement, pardonnez la trivialité, se la coincer dans un radiateur ou dans un goulot de bouteille. Ces substituts ne sont pas sans danger : œdème, rupture de la verge, arrivée inopinée d'un membre de la famille. Bien sûr, il y a aussi les poupées gonflables, dont Wikipédia nous apprend que les premiers modèles apparurent sur des bateaux : l'équipage créait à l'aide de vieux vêtements des poupées féminines à usage sexuel qu'il surnommait « dames de voyage ». Ces dispositifs ne sont pas sans danger non plus puisque, en 1993, la revue américaine *Genitourinary Medicine* a signalé sur un chalutier un cas de blennorragie transmise à un marin par une poupée gonflable qui venait de servir et n'avait pas été nettoyée par son précédent utilisateur.

Il y a enfin les veaux, vaches, cochons, quoique la zoophilie soit en France punie de deux ans d'emprisonnement et de 30000 euros d'amende. Préférez donc Perrette ou, à défaut, son pot au lait. Mais l'avenir, résolument, semble être aux femelles-robots, lesquelles pourront faire tout un tas de choses intéressantes y compris accompagner de la voix, synthétique et suave, les ardeurs de leur partenaire de chair et de sang. S'ouvre pour la programmation informatique un chantier haletant.

3. Physique

> « Le présumé violeur se défend : “J’ai trébuché et je l’ai pénétrée par accident” ».
>
> *Paris Match*

À Londres, un riche promoteur immobilier saoudien passait la soirée avec des nymphettes lorsque subitement, c’est idiot, il a perdu l’équilibre et son sexe a pénétré l’une d’elles en tombant. C’est du moins sa version, qu’il a soutenue mordicus. L’autre version, celle de la victime (et du sens commun), était qu’il s’agissait d’un viol pur et simple. Inutile de dire que l’affaire a régalé les tabloïds britanniques.

L’avocat du promoteur a eu pas mal de travail. On ne sait s’il y a eu reconstitution des faits avant le procès, mais il est possible que les lois de la physique aient été convoquées à la barre. Newton, dit la légende, a eu l’intuition de sa loi de gravitation universelle en recevant une pomme sur la tête (Einstein a un peu révisé tout ça par la suite, mais pas suffisamment pour changer fondamentalement la physique de l’événement londonien). Plus largement, sir Isaac Newton a formellement établi que si vous marchez nu avec le sexe en érection au milieu de jeunes filles tout aussi nues et que vous vous prenez les pieds dans le tapis, il n'est pas impossible que le champ d'attraction exercée par la Terre vous plaque au sol et, ce faisant, fasse pénétrer votre sexe convexe dans celui concave d'une des personnes de sexe féminin s'y trouvant allongées sur le dos (si ces dernières sont allongées sur le ventre, il est à envisager que l'anus soit le point de pénétration). Il faut maintenant, comme si l'affaire n'était pas déjà assez complexe comme cela, convoquer cinématique et physiologie humaine pour affiner les choses.

Vous voilà donc marchant en bandant vaguement au milieu de corps dénudés lorsque soudain, patatras, s'exerce inopinément la loi de la pesanteur, c'est-à-dire un champ d'accélération (noté *g*) d'approximativement 9,81 mètres par seconde au carré, valeur établie à l'altitude 0 sur un ellipsoïde idéal approchant la surface terrestre pour une latitude de 45 degrés. Les lois de la physique étant ce qu'elles sont, à savoir des règles auxquelles nul ne peut déroger, s'amorce alors un mouvement du corps plus ou moins vertical. Il ne s'agit pas d'un simple mouvement du haut vers le bas car il faut tenir compte du mouvement initial du corps, horizontal dans le cas présent. Au bout du compte, nous obtenons une trajectoire à peu près parabolique, comme celle d'un projectile. Sortons maintenant sinus et cosinus car il va falloir considérer l'événement sous son aspect angulaire et physiologique. Le sexe masculin en érection forme avec le référentiel donné par la surface de la Terre un angle variable suivant les individus et les circonstances, qui va de 0 à 90 degrés dans un sens ou dans l'autre. Nous admettrons par commodité – l'hypothèse est raisonnable – que cet angle ne change pas durant la chute, assez brève. Nous le fixerons même, Votre Honneur, à 70 degrés ainsi que l'expertise médicale a pu le déterminer après stimulation adéquate de mon client. Eh bien je l'affirme ici avec force, et Newton avec moi : deux corps ponctuels de masses respectives m_1 et m_2 s'attirant avec des forces de mêmes valeurs mais vectoriellement opposées, proportionnelles à chacune des masses et inversement proportionnelles au carré de la distance qui les sépare, c'est un déplorable accident que nous jugeons aujourd'hui, et mon client se trouve en être la première victime.

Un rappel en passant : le *Journal of Clinical Forensic Medicine* a naguère accueilli une communication titrée : « Rapport anal accidentel : est-ce possible ? » En d'autres termes, assez lapidaires et triviaux, est-il possible de la mettre dans le trou de derrière de sa partenaire alors qu'on pensait de bonne foi la mettre dans le trou de devant ? Sur les 498 personnes interrogées par l'auteur de l'article, 26 hommes et 14 femmes avaient rapporté avoir effectivement fait l'expérience, au moins une fois dans leur vie, d'un tel « rapport anal accidentel ». La loi de gravitation universelle n'était en général pas en cause, seulement l'alcool et une pratique un peu brouillonne du coït.

Finalement, vous savez quoi ? Le promoteur a été acquitté.

4. Sciences politiques

> « Hillary Clinton rendra publiques toutes les informations sur les OVNI si elle est élue. »
>
> *The Conway Daily Sun*

OUI, LA CANDIDATE à l'élection présidentielle américaine de 2016 avait promis à un journal du New Hampshire qu'une fois installée à la Maison-Blanche, elle ouvrirait tous les dossiers secrets sur les visiteurs de l'espace. Une voix est une voix, alors pourquoi ne pas tenter de récupérer jusqu'à celles des gens qui croient aux Martiens plus qu'en la politique ? Leurs rangs semblent s'étoffer de jour en jour ; on constate en effet une curieuse corrélation entre la désaffection pour le politique et le regain d'intérêt pour les OVNI. Le phénomène est particulièrement manifeste en France où, depuis 2007, année qui vit Nicolas Sarkozy accéder à la magistrature suprême, le nombre d'observations d'objets volants non identifiés a littéralement explosé, passant en moyenne annuelle de 20 à plus de 150 selon les données recueillies par le Geipan (Groupe d'Études et d'Informations sur les Phénomènes Aérospatiaux Non identifiés, qui dépend du CNES). Cet embouteillage de soucoupes volantes au-dessus de la France ne s'est pas résorbé avec l'élection de François Hollande, ce qui n'est pas exactement une surprise : plus personne ne croit aux promesses électorales, ou disons qu'il est plus facile de croire en l'existence d'une intelligence extraterrestre qu'en une véritable décrue du chômage.

Évidemment cette annonce par Hillary Clinton d'une ouverture totale des dossiers OVNI n'était dans le fond qu'une promesse de plus. Mais celle-là, la femme de Bill semblait résolue à la tenir. Ça ne lui aurait pas coûté bien cher, et puis la chose lui tenait apparemment à cœur. Au même *Conway Daily Sun*, Hillary avait déclaré en 2007 que, lorsque son mari était au pouvoir, c'est le sujet OVNI qui avait suscité le plus de demandes de « déclassification » de documents, en vertu des textes sur la liberté de l'information. Bill Clinton lui-même s'était laissé aller à dire en 2014, lors d'un talk-show à la télé américaine, qu'il ne serait pas surpris que la Terre soit un jour visitée par des gens d'un autre monde. « Espérons juste que ça ne se passera pas comme dans *Independence Day* », avait-il ajouté. Commentaire plus sérieux (quoique) de Hillary sur le sujet, auprès de nos confrères du *Conway Daily Sun* à nouveau : « Je crois qu'il n'est pas impossible que nous ayons été déjà visités. Nous ne le savons pas exactement. » N'est-ce pas plus excitant à entendre qu'un candidat qui viendrait vous dire : « Je pense qu'il n'est pas impossible que nous dépassions 1 % de croissance l'an prochain » ?

Les campagnes américaines sont toujours passionnantes. Oui, mais les françaises ? Voyons un peu. Débat télévisé entre, mettons, une candidate d'extrême droite et un candidat du centre. L'animateur : « Après le chômage, parlons maintenant des extraterrestres. Madame ? » Ladite : « Nous refoulerons tous ceux qui n'ont pas de papiers. » « Monsieur ? » Ledit : « Aujourd'hui, grâce à la sécurité que nous donnent la zone euro et la politique intelligente de sa banque centrale, les taux d'intérêt sont historiquement bas, et c'est une bonne chose, mais les entreprises ont aussi besoin de fonds propres. Or l'épargne n'est pas, c'est le moins qu'on puisse dire, orientée vers le placement en actions. Il faut donc simplifier le millefeuille fiscal de l'imposition du capital, et je dois dire que… ».

On a hâte.

5. Théologie

> « Le tribunal refuse au Monstre en Spaghettis Volant le statut de Dieu. »
>
> Religion News Service

OUI, UN TRIBUNAL fédéral américain a rendu un jugement de seize pages pour dénier au culte du « Flying Spaghetti Monster », alias « His Flying Noodliness », le statut de religion. Ce document est une lecture conseillée pour les jours de grand cafard.

Résumons l'affaire. Un homme emprisonné dans un pénitencier du Nebraska porte plainte contre l'établissement au motif que celui-ci ne le laisse pas pratiquer librement sa religion, le pastafarisme – ou FSMisme (pour *Flying Spaghetti Monster-ism*) – alors que ses codétenus chrétiens ou musulmans sont libres de pratiquer la leur. Odieuse discrimination ! Instruction. Procès. Jugement. Défavorable, hélas !

Les bases du pastafarisme ont été posées vers 2006 en réaction à une flambée obscurantiste : des institutions scolaires américaines commençaient à l'époque à promouvoir l'*intelligent design*, sorte de créationnisme des temps modernes selon lequel le monde vivant ne serait pas le résultat de l'évolution mais de la volonté d'une intelligence supérieure. Comme cette pseudo-théorie scientifique ne précise pas la nature de l'intelligence supérieure en question, pourquoi ne pas imaginer qu'il s'agisse d'un simple tas de spaghettis ? Après tout, si l'on se base sur des preuves concrètes, une nouille a autant de légitimité à être le Créateur que n'importe quel autre dieu. Ainsi naquit His Flying Noodliness et son Église de joyeux plaisantins, lesquels sont souvent déguisés en pirates et portent des égouttoirs à pâtes sur la tête.

Chaque religion a sa liturgie et ses accessoires, tout croyant a droit au respect de ses convictions. Pourquoi le pastafarisme devrait-il être discriminé ? Réponse des juges : « Le FSMisme est clairement une satire. La considérer comme une doctrine religieuse reviendrait à admettre que l'on peut baser un culte sur n'importe quel ouvrage de fiction. Un prisonnier qui aurait lu les ouvrages de Kurt Vonnegut ou de Robert Heinlein pourrait les déclarer livres sacrés et demander à pratiquer le bokononisme (culte imaginé par Vonnegut dans *Le Berceau du chat*, NDLR) ou la religion de l'Église de Tous Les Mondes (idem pour Heinlein dans *En terre étrangère*). Bien sûr, certains plaideront que la Bible ou le Coran sont tout autant des livres de fiction. Il n'est pas aisé de tracer une ligne claire en la matière. Mais il existe une limite, qui est qu'une pratique ne peut être déclarée “religieuse” uniquement parce qu'un individu la considère comme telle (elle revendique des milliers d'adeptes pourtant, NDLR). La cour estime que le FSMisme est au-delà de cette limite. »

Relisez bien ces lignes car elles montrent à quel point la justice américaine en est réduite à la pifométrie pour évaluer la légitimité d'une conviction religieuse. Elles indiquent par ailleurs que les magistrats du Nebraska piochent volontiers dans le rayon science-fiction de leur bibliothèque pour nourrir leurs attendus. Enfin, ce jugement n'exclut pas que la Bible et le Coran soient de pures fables : il s'agit donc, au bout du compte, d'une grande victoire pour le Monstre en Spaghettis Volant et ses incurables adeptes.

La vieille Europe est, elle, bien plus respectueuse de la liberté de culte, ou dotée d'un sens de l'humour plus développé puisqu'en janvier 2016, les Pays-Bas – via leur chambre de commerce – ont reconnu le pastafarisme comme étant une religion à part entière. Gloire au Monstre ! Que ton Règne vienne *al dente* !

6. Sociologie

> « Agressée sexuellement alors qu'elle choisissait un camembert au supermarché. »
>
> *Var Matin*

LA JEUNE FEMME était au rayon fromages d'une grande surface de Cagnes-sur-Mer, tâtant mollement un camembert pour en mesurer le mûrissement lorsque, s'approchant derrière elle, « un homme s'est permis un geste déplacé avec son index qu'il a placé dans le fessier de sa victime », a relaté *Var Matin*, le quotidien reprenant prudemment les termes du rapport de police. Si la nature exacte du geste reste floue, la qualification d'agression sexuelle peut assurément être retenue. « J'ai mal interprété un sourire », s'est défendu l'homme à la barre du tribunal de Grasse. Il n'en a pas moins été condamné à un mois de prison avec sursis et 2 000 euros d'amende, ainsi qu'à l'inscription de son nom au fichier des délinquants sexuels.

Quand tu fais la tarte aux pommes, poupée,
tu es divine
Rien n'est plus beau que les mains d'une femme
dans la farine

Allez roule-moi, roule-moi la pâte, ça me plaît,
ça m'émeut
Quand je vois voltiger les mains blanches de mon
cordon-bleu.

Le sexologue et chanteur Claude Nougaro a naguère bien décrit le lien subtil qui court entre sexualité masculine et mains qui pétrissent, ou tâtent. Concernant le fromage, objet transitionnel s'il en est, la verve métaphorique du poète demandait toutefois à être scientifiquement complétée. C'est le sociologue Pierre Boisard qui s'y est collé avec son ouvrage *Le Camembert, mythe français*. On y lit ceci : « Le camembert, matière vivante issue d'un organisme animal, nous ramène sans cesse au corps et au plaisir des sens, à la jouissance sexuelle et à ses interdits. » Quand je vois tes mains blanches voltiger sur le claquos, poupée, ça me fait des choses, serait la traduction nougarienne de cette sociologie à pâte molle et à croûte fleurie.

Allons plus loin dans l'analyse, car le chemin qui va du camembert au doigt dans la culotte est loin d'être rectiligne. Pierre Boisard poursuit : « Le camembert, plus que tout autre fromage, semble animé d'une vie propre et difficilement contrôlable. L'écoulement ultime, à l'issue de la maturation, évoque d'autres écoulements, féminins ou masculins, menstrues ou sperme, selon les goûts ou les fantasmes. Certains, allez savoir pourquoi, prennent un grand plaisir à prélever sur un camembert trop fait la pâte qui s'écoule par la béance obscène pratiquée par le couteau. »

De tout cela, on inférera sans trop de difficultés que le doigt du client indélicat, empruntant des voies périlleuses, a été le vecteur saillant d'une relation trouble entre corps et fromage. Ah, la folle sensualité des rayons frais ! Ne serait-on pas bien avisé de les fermer, ou tout au moins de proscrire la vente de camemberts dans les grandes surfaces ? Idéalement, il faudrait restreindre l'offre aux produits à pâte compacte et à croûte dure de ces jansénistes de Néerlandais chez lesquels la concupiscence trouve rarement à s'exprimer via les spécialités fromagères. Plus largement encore, il faudrait s'intéresser aux agissements des clients autour des rayons charcuterie car, tout de même, ces étalages de rillettes, de couenne et de queues de bœuf semblent de nature à émouvoir les consommateurs les plus endurcis. Surtout ceux-là peut-être.

7. Psychiatrie

> « Chine : il tente de se suicider en sautant d'un immeuble, tombe sur un cycliste qui en meurt, et remonte pour recommencer. »
>
> CCTV News

L'homme avait de la suite dans les idées, si bien qu'il semblait prêt à aplatir un deuxième passant et, pourquoi pas, un troisième. Fort heureusement, des pompiers présents sur la scène du drame ont empêché le suicidaire de se jeter à nouveau dans le vide. Cette affaire singulière a eu pour cadre une rue de Shantou, dans la province du Guangdong. En Chine, on attente volontiers à ses jours (quatre tentatives par minute) et l'on y réussit souvent (287 000 morts par an). Comme la défenestration est une méthode couramment utilisée dans les villes verticales, comptant par exemple pour plus de la moitié des suicides dans une mégalopole comme Hong Kong, il était fatal que des passants finissent par en être les victimes collatérales. Peu de temps avant le drame de Shantou, une femme avait été grièvement blessée à Shenzhen par la chute d'un désespéré qui, lui, ne s'était pas raté. Quelques mois plus tard, à Shantou également, un homme de soixante-quatre ans se jetait du seizième étage d'un immeuble pour tomber sur un garçon de vingt-deux ans qui passait par là en scooter. Carton plein cette fois puisque tous deux sont morts.

L'autre singularité des deux drames de Shantou est qu'ils ont été captés par des caméras. La profusion contemporaine des smartphones et des réseaux de télésurveillance fait que ce genre de faits divers peut désormais régaler la planète entière via Internet. Régaler n'est pas ici un verbe inadéquat : les tentatives de suicide engendrent un phénomène de voyeurisme qu'un chercheur américain a analysé dans une stupéfiante étude publiée il y a quelques années par le *Journal of Personality and Social Psychology*. Vingt et un cas étaient passés en revue dans lesquels un désespéré était perché sur un pont, un immeuble ou une tour, hésitant à sauter, tandis qu'une foule curieuse se rassemblait au pied de l'édifice. Eh bien dans la moitié des cas, des témoins s'étaient mis à encourager le suicidaire à passer à l'acte, hurlant injures et quolibets. Les choses ne semblent pas s'être améliorées depuis puisque, tout récemment – retour en Chine –, une jeune femme surendettée a grimpé sur un immeuble de bureaux dans la province du Shaanxi, hésitant à faire le grand plongeon et, tandis que la police tentait de récupérer la désespérée sur le toit, des élèves sortant de leur école primaire se sont rassemblés au pied de l'édifice pour se mettre à crier des choses comme : « Allez vas-y, saute ! Saute pour nous ! » Comme les policiers sont finalement parvenus à maîtriser la jeune femme, les écoliers ont été privés du spectacle. Dommage, la télé n'en avait pas à offrir de meilleur.

Le surmenage qui touche de nombreux jeunes Chinois dans les « zones économiques spéciales » (Shantou et Shenzhen en font partie) conjugué à la formidable moisson d'images du Web aboutit à ce résultat : les tentatives de suicide deviennent de nouveaux jeux du cirque. À Rome, on a fini par se calmer. En Chine, où les lois du marché triomphent enfin, ce n'est sans doute qu'un début.

8. Chimie

« Russie : ils vendaient une “potion magique” pour changer du papier en dollars. »

Le Parisien

LA POLICE RUSSE a arrêté deux Centrafricains qui tentaient d'écouler une « potion magique » présentée comme capable de transformer du simple papier en billets de 100 dollars. Pour faire croire à cette alchimie fiduciaire, les escrocs versaient devant les badauds un liquide sur une feuille de papier noir puis, avec une habileté de maîtres de bonneteau, substituaient à la feuille un vrai billet. Ils proposaient ensuite aux gens d'aller vérifier son authenticité auprès d'une banque. Miracle ! Opération *a priori* avantageuse pour le client puisque le flacon vendu cinq millions de roubles (environ 68 000 euros) devait permettre de produire ensuite jusqu'à 20 millions de dollars. Évidemment elle n'était intéressante *in fine* que pour les vendeurs, dont le commerce a toutefois été de courte durée.

L'histoire peut faire sourire mais les temps modernes ne nous portent-ils pas à croire en l'alchimie ? Avec de l'encre et du papier, les banques centrales savent aujourd'hui créer des milliards. Les fluctuations des cours de Bourse font apparaître ou disparaître des richesses en quelques minutes. Les armées de boutonneux de la Silicon Valley amassent des fortunes simplement en tapant des lignes de code informatique sur des claviers. À cette aune, les alchimistes du Moyen Âge n'auront été que des besogneux. La principale différence, c'est qu'hier on voulait produire de l'or alors qu'aujourd'hui le dollar a nettement nos préférences. Le reste est histoire de foi : « *In God We Trust* », est-il écrit sur chaque billet vert.

Notre époque a eu assez de génie pour inventer également l'anti-pierre philosophale, un objet qui a l'extraordinaire pouvoir de faire s'évaporer en un clin d'œil les roubles, dollars et euros : cela s'appelle une carte bancaire. Ce n'est plus du charlatanisme, c'est de la magie noire. Il suffit de taper un code de quatre chiffres pour que de l'argent dont vous n'avez jamais vu la couleur s'échappe vers d'autres poches où il restera à peu près aussi virtuel. Vous auriez expliqué cela à Nicolas Flamel qu'il en serait resté comme deux ronds de flan. Eussiez-vous ajouté quelques considérations sur les monnaies électroniques, le trading à haute fréquence et les *bitcoins* que vous auriez pris illico le chemin du bûcher.

Les espoirs de Flamel et de ses collègues n'étaient cependant pas tout à fait vains. En 1980, le chimiste américain Glenn Seaborg est parvenu à transformer en or quelques milliers d'atomes de bismuth. Il lui a fallu pour cela utiliser un accélérateur de particules, engin un tantinet plus coûteux à faire fonctionner qu'un creuset de sorcier : 5 000 dollars de l'heure à l'époque. Grâce à la transmutation nucléaire, l'alchimie est désormais à notre portée, sauf qu'elle nous coûterait tout l'or du monde ; Seaborg a en effet calculé que, pour produire une trentaine de grammes d'or à coups d'accélérateur, il faudrait dépenser plus de mille millions de millions de dollars.

Mille ans de civilisation auront donc été nécessaires pour asseoir ce principe : il y a plus d'avenir dans la fausse monnaie que dans l'alchimie, à condition de ne pas se faire coincer.

9. Ethnologie

« Saint-Étienne : elle part avec les cendres du chien, il l'agresse à la fourchette. »

Le Progrès

NOUS TENONS ICI un spécimen exceptionnel de fait divers du type « X fait ceci, Y fait cela », où *cela* est censé être une forme de réponse à *ceci*, et X un individu peu susceptible de passer ses prochaines vacances avec Y. Dans les foyers aisés de Malibu ou des collines de Hollywood, cela donne par exemple : « Elle détruit sa Porsche avec un club de golf, il jette sa cocaïne aux toilettes. »

Dans le cas qui nous occupe, l'action se déroule plus prosaïquement à Saint-Étienne : pas de Porsche, pas de poudre, mais beaucoup d'alcool et un réveillon de Noël entre quinquagénaires qui tourne mal. Selon le récit qu'en a fait le quotidien régional *Le Progrès*, un homme avait convié trois amis, une femme et deux hommes, à dîner et surtout à boire, non pas tant pour fêter la naissance du Christ que pour, probablement, échapper à la solitude d'une soirée où la solitude est proscrite. De fait, la soirée fut chaude et même égrillarde. Jugeant les avances de son hôte trop pressantes, la femme a soudain quitté les lieux sans attendre la bûche. L'homme aurait alors tenté de l'étrangler, avant de la poursuivre dans la rue et de la frapper à plusieurs reprises avec une fourchette, sans doute arrachée à un bout de dinde. La version de l'agresseur fut sensiblement différente. Alors que la soirée commençait à déraper dans l'alcool, il aurait mis ses trois invités à la porte. La suite, toujours aux dires du prévenu : « Elle a pris la fourchette, elle est partie en courant avec l'urne qui contient les cendres de ma chienne. Elle a glissé. Elle est tombée. Elle était hystérique, elle se donnait elle-même des coups avec la fourchette. » Cerise sur le mausolée, l'homme a déclaré au juge : « Quand j'ai vu l'urne de ma chienne dans ses bras, j'ai eu peur. Tout le monde me connaît comme l'ami des animaux. » Le tribunal n'a cru que moyennement à cette version où ne manquaient qu'une apparition du père Noël et un numéro de claquettes des rennes : l'homme a été condamné à douze mois de prison dont six avec sursis.

L'élément le plus singulier de l'histoire, son *MacGuffin* au sens hitchcockien du terme, c'est évidemment l'urne de la chienne. Que vient-elle faire là, quel est son rôle ? Et surtout : qu'aurait dit Claude Lévi-Strauss à son sujet ? Car, pour débrouiller l'affaire, il semble nécessaire de convoquer ici l'ethnologie. Alors qu'il se baladait dans le Mato Grosso, Lévi-Strauss fit la connaissance de la tribu des Bororos et de ses rites étranges. Ses rites funéraires en particulier, qui voulaient que, lorsqu'un Bororo mourait, on organisât une chasse pour abattre un gros gibier. Il s'agissait de trouver une sorte de compensation : la nature avait pris un membre de la tribu, la tribu allait demander à la nature de payer sa dette. Comme, entre la mort d'un

Bororo et son inhumation définitive, les rites funéraires réunissant toutes les composantes de la tribu pouvaient durer jusqu'à deux mois (venger un mort n'est pas une petite affaire dans le Mato Grosso), ce moment funèbre était aussi un grand moment de vie, paradoxalement.

Bien. Mais l'urne de la chienne là-dedans ? Eh bien nous sommes tentés d'avancer, marchant prudemment dans les pas du père de l'anthropologie structurale, que le dîner de Noël – moment de vie puisque l'on célèbre une naissance à coups de fourchettes – est aussi un moment funèbre, du moins dans certaines tribus stéphanoises : le réveillon se passe dans l'ombre portée des cendres des chers disparus, ceux qui étaient encore là lors des agapes précédentes. La femme qui s'enfuyait (se serait enfuie) avec les cendres de l'animal n'accomplissait-elle pas un rite comparable à celui des Bororos endeuillés ? N'était-ce pas aussi l'acquittement d'une dette ? Et les coups de fourchette que se serait donnés la femme n'évoquent-ils pas les scarifications que s'infligeaient les Indiens brésiliens lors des périodes de deuil ?

Mauvaise pioche : en fait, on n'a retrouvé ni urne ni cendres sur les lieux de l'altercation. Cette absence a terriblement affaibli la défense de l'homme. Pire, peut-être : elle réduit à néant notre analyse ethnologique des faits. Les faits sont parfois bêtement têtus.

10. Médecine légale

« Il décapite sa femme et ses deux chiens avant de se crever un œil et de se couper une main. »
The Daily Mail

C'EST CE QUI S'APPELLE faire les choses en grand. Le policier de Phoenix (Arizona) qui est arrivé le premier sur la scène de ce grand-guignol a eu du mal à s'en remettre. Le charcuteur, lui, a atterri assez naturellement dans un service de psychiatrie. Sa première comparution devant le juge, filmée et diffusée sur Internet car nous sommes au XXIe siècle, aurait sa place dans une parodie de film d'horreur : l'homme hébété, borgne et manchot, émet quelques grognements avant que la magistrate ne fixe le montant de la caution à deux millions de dollars et n'ajoute d'une voix monocorde : « Si la caution était versée, vous ne seriez autorisé ni à entrer en contact avec des personnes liées à l'affaire ni à détenir une arme quelle qu'en soit la nature. » On imagine que cette dernière catégorie inclut jusqu'aux épluche-légumes.

À ce stade, les lecteurs sensibles se sont probablement déjà évadés de cette chronique. Les autres vont découvrir comment, lorsque violence et psychopathologie se conjuguent, la créativité peut atteindre des sommets qui donneraient le vertige même aux scénaristes des aventures d'Hannibal Lecter. Certes, ces derniers ne manquent pas de subtilité, par exemple lorsqu'ils imaginent un repas entre Hannibal et une de ses victimes lors duquel le premier fait griller sur une *plancha* un peu de la cervelle de son invité, auquel le haut de la calotte crânienne a été ôté avant de passer à table (c'est plus simple pour plonger la cuiller). Si Hannibal Lecter avait été jugé en Arizona et libéré sous caution, il est probable qu'on lui aurait interdit jusqu'à l'usage des barbecues et des couverts en inox.

Il y a quelques années, une équipe de légistes polonais avaient rapporté dans l'*American Journal of Forensic Medicine and Pathology* le cas d'un garçon qui, après avoir tranché la tête de son père, lui avait arraché la peau du visage, du crâne et du cou avant d'enfiler le tout sur sa propre tête, à la manière d'une cagoule. On ne sait lesquels des psychanalystes ou des scénaristes de la série *Halloween* feront le meilleur usage de cette affaire. Tout comme on ignore le montant de la caution qu'aurait demandée un magistrat américain face à cette novation dans l'art du déguisement.

En Russie, il a été découvert chez une femme de soixante-huit ans un journal intime narrant par le menu une dizaine de scènes de démembrement et de décapitation. Riche matériau pour l'industrie du *gore movie*. On a aussi retrouvé chez cette dame une scie à métaux et des traces de sang dans la baignoire. Enfin la police a pu mettre la main sur deux paquets contenant les membres et la tête d'une amie de cette femme, soigneusement découpée par ses soins. Du coup, les enquêteurs se sont replongés dans le journal intime avec une curiosité aiguisée. Réalité, fiction, faits divers, littérature : la folie meurtrière peut tout alimenter quand elle dispose des outils adéquats.

Notre conseil du jour : ne jamais utiliser un couteau en céramique pour découper un homard, ni pour démembrer votre beau-frère.

11. Médecine

> « Des radios des poumons de Marilyn Monroe adjugées 45 000 dollars dans une vente à Las Vegas. »
>
> *New York Daily News*

En 2010, deux événements concomitants ont dévoilé une facette de l'humanité assez troublante car dévoilant des pratiques que la morale est non seulement susceptible de réprouver, mais dont, sans doute, elle n'aurait même pas eu l'idée. Le premier événement s'est produit à Las Vegas : lors d'une vente publique, trois radiographies des poumons de Marilyn Monroe ont trouvé preneur pour 45 000 dollars (plus de 35 000 euros), alors que le propriétaire n'en espérait guère qu'un petit millier.

Réalisés en novembre 1954 au Cedars-Sinai Medical Center de Los Angeles, les clichés ne sont pas bien formidables même si l'on y distingue aisément les parties essentielles de l'appareil respiratoire du patient ainsi que côtes et clavicules. On devine aussi que le torse est celui d'une femme grâce aux formes blanches débordant de part et d'autre de la cage thoracique, trahissant des seins épanouis. Mais rien n'indique, sauf la déclaration certifiée des services hospitaliers, que le torse ainsi révélé est celui de l'héroïne des *Misfits*.

L'autre événement est la production d'un calendrier de pin-up dans lequel on ne voit des filles que leur squelette et des chaussures à talons aiguilles (leur seul vêtement) : les images sont des radiographies du corps entier des modèles, saisis dans des poses suggestives. La chose a été conçue par une agence de publicité allemande pour une firme d'électronique japonaise. Où en serait-on si les puissances de l'Axe avaient gagné la guerre ?

Eût-on dit à Wilhelm Röntgen (1845-1923), découvreur des rayons X, qu'un jour la radiographie servirait la cause de l'érotisme, qu'il n'en aurait pas été autrement étonné. La toute première « radio » qu'il effectua fut en effet celle de la main d'une femme. De la sienne, en l'occurrence : Anna Bertha Ludwig Röntgen avait une très jolie main, et d'autres charmes sans doute. Le Prix Nobel de physique 1901 s'est peut-être exercé sur des parties plus intimes de l'anatomie de son épouse, mais les clichés ne sont pas parvenus jusqu'à nous, hélas !

Cependant, nous disposons désormais de beaucoup mieux : Marilyn et des pin-up plus nues que nues puisque transpercées de part en part par ces coquins de rayons X. Il émane de ces images un érotisme d'autant plus vif qu'il nous cueille par surprise. Des psychanalystes se sont récemment penchés sur les fantasmes induits par l'imagerie médicale, qui semblent assez répandus. Des artistes contemporains comme Wim Delvoye se sont mis à en jouer. Sur cette nouvelle paraphilie a été produite une littérature scientifique extrêmement confuse où il est question de barrière symbolique de la peau, de possession de la femme et de « troumatisme » lacanien.

Il reste maintenant à documenter le premier cas de masturbation frénétique devant les images de la tomographie par émission de positons. Progrès technique aidant, le fantasme médico-sexuel s'est donc affranchi de la blouse de l'infirmière, de sa culotte et même de son épiderme.

12. Médecine légale

« Elle ne cuisinait que des pâtes depuis un mois, il la tue à coups de marteau. »

Agence de presse Anatolie

Ce drame affreux (imaginez la quantité de pâtes que l'on peut absorber en une soixantaine de repas !) s'est déroulé en Turquie à Trabzon, ville née sur les ruines de l'ancienne Trébizonde. « Elle ne s'intéressait plus à moi, c'était insupportable. Depuis un mois, elle ne cuisinait que des nouilles », a déclaré le mari à la police, qui l'a rapporté à l'agence nationale Anatolie, laquelle a été relayée par l'AFP. C'est à peu près tout ce que l'on sait de l'affaire. Le reste, il faut bien l'imaginer.

Jour 1. Raviolis à la tomate, au fromage et à l'huile d'olive. Sukran (c'est la femme) chante et danse devant le fourneau. C'est un peu la fête. « Ça me rappelle l'Italie », fait le mari.

Jour 4. Rigatonis avec un soupçon de gruyère. Le mari se plaint de ce que le dernier bout de parmesan ait été refilé au chat.

Jour 10. Spaghettis sans beurre. Il reste un fond de

ketchup dans le frigo. Le mari shoote dans le chat qui s'écrase contre la télé. La télé tombe, le chat agonise.

Jour 15. Coquillettes trop cuites. Sukran regarde fixement son assiette. L'homme aux yeux fous farfouille dans le buffet à la recherche d'un morceau de pain.

Jour 25. Re-spaghettis. Le mari quitte la table pour aller ranger sa boîte à outils. Il lance une clé de 12 vers la salle à manger. Les épaules de Sukran s'affaissent.

Jour 29. Re-rigatonis. La perceuse électrique vole à travers la pièce.

Jour 30. Re-coquillettes. Marteau.

Les différends conjugaux qui se terminent à coups de marteau (de club de golf, fer à repasser, bouteille ou autres objets contondants) ne sont pas si rares, surtout dans les pays où les armes à feu ne sont pas facilement disponibles. L'assaillant peut tout aussi bien être une femme qu'un homme, et les circonstances sont infiniment diverses quoique dans toutes ces affaires on trouve un motif sérieux de dispute, et pas mal d'alcool. Toutefois une lecture diagonale des revues de médecine légale ne laisse apparaître aucun autre cas dans lequel des pâtes alimentaires auraient été à l'origine des coups mortels.

Il est vrai que la littérature scientifique s'intéresse plus souvent aux aspects techniques de ces meurtres qu'à leurs mobiles. Afin de fournir des pistes aux enquêteurs qui viendraient à ramasser des marteaux ensanglantés de frais, deux chercheurs indiens de l'université de Calcutta ont mené une étude fort originale en utilisant des noix de coco, du sang de porc et un marteau de modèle standard. Ils ont cochonné leur laboratoire en tapant comme des furieux, puis ont effectué diverses mesures avant de conclure, dans le *Journal of Advances in Physics*, qu'un marteau ayant servi à porter dix coups à la tête d'une victime avait à sa surface plus de molécules d'hémoglobine qu'un marteau lâché dans une flaque de 30 centilitres de sang. Cela, la science vous le donne pour certain.

On sait en outre que la présence d'un égouttoir à pâtes sur la scène du crime est un indice à ne pas négliger.

13. Médecine

« Nu, Jesus vole une voiture de police. »
The Daily Mail

Le type en question, Tarango de son nom de famille, était assis en tenue d'Adam au beau milieu d'une rue de la ville de Clovis, au Nouveau-Mexique. Un policier arrive, sort de son véhicule et demande à Jesus Tarango d'aller s'asseoir ailleurs. Et de se couvrir un peu par la même occasion. Mais Jesus n'obtempère pas : il s'agite, tient des propos incohérents, puis saute carrément dans la voiture du flic et s'enfuit sous les yeux de ce dernier. En regardant les images sur Internet, car les images ont été captées par la caméra portative du policier, diverses questions viennent immédiatement à l'esprit. Quel genre de produit avait pris ce type et où peut-on s'en procurer ? Le policier a-t-il dû payer son coup après être rentré au poste à pied ? Jésus (l'autre) aurait-il pu échapper à la crucifixion si les Romains avaient été aussi étourdis que la police du Nouveau-Mexique ? Enfin, le Messie était-il nu sur la croix ? Les trois premières questions restent à ce jour sans réponse. La dernière en a plusieurs, de réponses, selon que l'on se réfère aux Évangiles, aux publications scientifiques ou à la peinture italienne du Quattrocento (cette dernière source étant assurément la moins fiable).

La sainte iconographie représente toujours Jésus-Christ vêtu d'un pagne – un *perizonium* pour être précis –, or la plupart des historiens soulignent que les Romains déshabillaient entièrement les candidats à la crucifixion, infamie qui ajoutait au châtiment. Le fait est que la sèche réalité du supplice, absolument atroce, a peu de choses à voir avec l'image lénifiante qu'en donnent les tableaux et crucifix. Nue ou pas, la victime en bavait des heures jusqu'à ce que mort s'ensuive – avant résurrection éventuellement, mais le cas semble unique.

La crucifixion a fait l'objet de quantité d'articles dans les revues médicales, le plus détaillé étant « On the Physical Death of Jesus Christ » paru en 1986 dans *Journal of the American Medical Association*. Épargnons-nous-en les détails, que même les films les plus réalistes sur la vie de Jésus de Nazareth n'ont pas osé reproduire, pour sauter aux conclusions : « Les causes de la mort par crucifixion étaient multifactorielles et dépendaient des cas, mais les deux principales étaient le choc hypovolémique (déficit de sang) et l'asphyxie. Les autres facteurs entrant en ligne de compte étaient la déshydratation et l'accident cardiaque à la suite de la rapide accumulation de sang dans le péricarde. » La mort était spectaculaire, lente et douloureuse. Ce supplice inventé en Perse se raffinait à ses débuts d'un empalement. Ajouter un cache-sexe par-dessus est d'une hypocrisie jésuitique. La décence et les conventions sont choses bien étranges.

On ignore ce que Jesus Tarango tentait de fuir à Clovis, mais on sait que, quelques semaines auparavant, un homme de quarante et un ans avait été arrêté en Floride car il courait nu dans la rue en criant qu'il était Dieu (avant de se mettre à copuler contre un arbre). Cela commence à ressembler à une épidémie. Dans l'un et l'autre cas, les hommes ont été rhabillés, mis à l'ombre puis libérés après versement d'une caution de quelques milliers de dollars. Notre époque ne croit plus en rien.

14. Océanologie

« 2 500 canards de bain volés à Yorkville. »
CBS Chicago

En mars 2011, la police de Yorkville, près de Chicago, s'est fait dérober un lot de 2 500 petits canards en plastique jaune, du genre que l'on fait flotter dans son bain. L'odieux larcin a eu lieu fin mars alors que la police s'apprêtait à organiser sa kermesse annuelle avec un traditionnel « *Duck Pluck* », sorte de tombola où chacun achète un petit canard en espérant tirer le bon numéro. Or donc, les coincoins se sont fait la malle dans des conditions mystérieuses, en tout cas non élucidées à ce jour. Quelques-uns ont été retrouvés le long de la route reliant Yorkville au village voisin de Sandwich, sur à peu près 16 kilomètres. La police souhaite ardemment récupérer les autres, appelant la population à lui signaler tout fugitif.

Le canard de bain est une créature qui semble dotée d'une véritable autonomie. La dernière fois que ce volatile s'est signalé à l'attention des médias, c'était en 2003 : on venait d'en retrouver un sur la côte des îles Hébrides, au nord-ouest de l'Écosse. Fait insignifiant en apparence, événement stupéfiant en réalité : le petit canard jaune provenait d'une fortune de mer qui s'était produite dans le Pacifique onze ans auparavant. Le 10 janvier 1992, un porte-conteneurs avait en effet perdu une cargaison de 29 000 jouets en plastique de fabrication chinoise, soit une vaste population de canards jaunes, de tortues bleues et de grenouilles vertes.

Ces flotteurs quasi indestructibles ont alors commencé un immense périple. 19 000 d'entre eux ont été récupérés sur les côtes d'Amérique du Sud, d'Australie et d'Indonésie. Mais un nombre non négligeable d'individus ont réussi à s'évader vers l'Atlantique en passant par les eaux arctiques. Vers l'an 2000, des canards de bain étaient signalés sur les plages du Maine et du Massachusetts. En 2003, à près de 30 000 kilomètres du lieu de leur plongeon initial, les petites bêtes attaquaient les îles britanniques par le nord. En 2007, elles devaient croiser au large des Cornouailles. On a peu d'informations sur les tortues et les grenouilles, sans doute parce que leur couleur a rendu leur navigation plus furtive.

Ce voyage circumterrestre a passionné les océanologues, devenus terriblement coincoinophiles depuis. Et le lâcher de canards est devenu un des outils de la science ambitieuse. Chacun peut simuler cette expérience dans son bain. Avec un gros tas de mousse, modelez de massives Amériques. Répétez l'opération avec l'Asie, l'Afrique et l'Europe. L'Antarctique et l'Océanie sont facultatives. Demandez à la fille ou au garçon qui partage votre baignoire de rester immobile quelques instants, c'est-à-dire d'oublier la savonnette qui est tombée au fond ainsi que toute partie de votre anatomie qu'il/elle aurait empoignée par erreur dans le même mouvement.

Posez votre canard au milieu de votre mer intérieure. Laissez-le dériver longtemps en notant ses évolutions : cap, vitesse, destination.

Lorsque la police de Yorkville fera irruption dans votre salle de bains, levez les mains bien haut et rendez-vous sans résistance.

15. Économie

« Il vend son bébé en ligne pour s'acheter un iPhone. »

people.cn

IL VEND son bébé, soit. Il le vend en ligne, c'est original. Il le vend pour s'acheter un iPhone, c'est un fait divers. La transaction a eu lieu en Chine, pays qui produit chaque année beaucoup de bébés (18 millions) et plus encore d'iPhone (200 millions). Trop de bébés, hélas, et pas assez d'iPhone, deux fois hélas. Surproduction d'un côté, sous-production de l'autre : les lois du marché étant ce qu'elles sont, on s'attend à ce que demain il faille vendre deux bébés pour obtenir un iPhone, d'autant qu'un smartphone procure une satisfaction plus immédiate qu'un nourrisson. Sera-ce alors deux fois plus choquant ?

Examinons l'affaire en détail car elle est plus complexe que le titre ne le donne à penser. Le couple âgé d'une vingtaine d'années avait sur les bras un enfant non désiré, et il est parvenu à trouver sur Internet un acheteur pour 3 200 euros. Somme avec laquelle le père s'est empressé d'acheter un iPhone ET une moto. La moto a coûté plus cher que le téléphone, mais la morale fait-diversière n'a retenu que le second car l'iPhone, symbole de la frivolité contemporaine, apparaît comme une contrepartie bien plus scandaleuse à une vie humaine. « Il vend son bébé pour s'acheter une moto » eût été un énoncé plus proche de la réalité, mais alors l'événement n'aurait probablement nourri la presse que dans un rayon de 100 kilomètres autour des faits, pas jusqu'en Occident en tout cas.

La morale n'est pas affaire de chiffres sauf quand ceux-ci deviennent très élevés ou très bas (par exemple : les ouvriers chinois travaillant pour les sous-traitants d'Apple sont payés 1,70 euro de l'heure). Ce n'est pas non plus affaire de logique puisque l'inversion de la formule initiale – cela donnerait : « Il vend son iPhone pour s'acheter un bébé » – aboutirait à une situation presque aussi scandaleuse. Nous écrivons « presque » parce que, dans ce cas, avoir un bébé aurait pour le vendeur plus de valeur que posséder un iPhone, ce qui semble sain. Cependant il ne faut pas exclure que l'acheteur de l'iPhone soit aussi le vendeur du bébé, ce qui nous ramènerait à la situation de départ – à ceci près que le mal aurait changé de camp. « Il échange un iPhone contre un autre iPhone » n'aurait pas fait une ligne dans les journaux. « Il échange son bébé contre un autre bébé » aurait eu plus de succès mais, sauf étourderie, on ne voit pas bien ce qui aurait pu susciter une telle transaction. « Il assomme son bébé à coups d'iPhone » aurait été une mauvaise publicité pour Apple ainsi qu'un double sacrilège.

Ce que cette histoire chinoise met en relief, ce n'est pas tant la différence de valeur des deux éléments de l'échange marchand (nourrisson et téléphone *superdesigné*) que la nature commune des liens qui semblent nous y unir. Les

Tamagotchis, ces petits animaux virtuels dont le Japon a inondé la planète au milieu des années 1990, avaient commencé à tirer parti de la relation affective qu'il semble possible de tisser avec de l'électronique. L'iPhone est allé bien au-delà dans la mesure où le petit animal qui s'agite sur l'écran, c'est nous-mêmes, ou plus exactement notre relation au monde. Le lien social qui se développe avec et autour d'un nourrisson est plus complexe à mettre en œuvre, et moins immédiatement gratifiant pour de jeunes parents.

La justice chinoise a finalement condamné la mère à deux ans et demi de prison avec sursis, et le père à trois ans ferme. Car, même hors de la sphère marchande, il faut bien mettre des chiffres en face des transactions.

16. Médecine légale

« États-Unis : une fillette de huit ans abattue par un garçon de onze ans. »

Le Monde

C'EST PEUT-ÊTRE UNE nouvelle forme de record, car en ajoutant l'âge de la victime à celle du tireur, on ne dépasse pas dix-neuf. Évidemment c'est un drame atroce, et nul n'a envie d'en sourire. Mais la prolifération des armes à feu aux États-Unis permet des carnages si spectaculaires et absurdes qu'on en vient à se demander quand se produira une fusillade dans une école primaire, sinon dans une crèche.

Il ne s'agissait même pas ici d'un accident. La fillette jouait dehors lorsque son jeune voisin lui a demandé de voir son chiot. Elle a refusé, il a sorti une arme et tiré. Ça se passe comme ça dans le Tennessee. Enfin, pas tous les jours heureusement. Chez nous, à Marseille, on attend généralement l'âge de la puberté avant d'arroser le voisinage à la Kalachnikov pour marquer son territoire de *deal*. Car la France a une préférence pour les armes lourdes, lesquelles nous arrivent de guerres civiles quasi voisines sans passer la douane et servent plus souvent aux règlements de comptes qu'à décimer les campus. La vieille Europe n'est-elle pas le berceau de la civilisation ?

Aux États-Unis, où le marché des armes à feu est souple, sont recensés chaque année entre 11 000 et 12 000 meurtres au revolver ou au fusil. Mais les flingues servent plus encore à se suicider : environ 20 000 morts ! C'est là une fusillade de masse qui fait moins de bruit que l'autre, mais deux fois plus de victimes. Plus de la moitié des suicides aux États-Unis se font en effet à l'arme à feu, et cette proportion monte à près de 70 % chez les personnes âgées, selon une étude publiée dans l'*American Journal of Public Health*. Il est vrai qu'au moment de quitter ce monde cruel, le désespéré américain dispose d'un large choix de calibres : il lui suffit d'ouvrir un tiroir et de trier un peu. Nous avons pour le Texas des chiffres très précis : 78 % des suicidaires à l'arme à feu se terminent au revolver, le reste de l'échantillon optant pour le fusil de chasse ou d'assaut. Avec un revolver, on se tire généralement la balle dans la tempe droite (question de latéralité) tandis qu'avec un fusil on se la tire dans la bouche, car il faut avoir le bras long pour se foutre une balle de fusil dans la tempe. Enfin, 4 % des gens qui se mettent une balle de revolver dans la tête choisissent de se la loger dans le cou ou la nuque : il faut, pour en finir ainsi, avoir l'épaule souple.

Récemment, des policiers de Philadelphie ont reçu un appel leur signalant qu'un homme en fauteuil roulant tentait de se suicider avec un revolver. Arrivés sur les lieux, les flics ont demandé au handicapé de lâcher son arme. Ce dernier a refusé, ils l'ont abattu. Les policiers craignaient, ont-ils dit, que le type ne se mette à tirer dans tous les sens. Il se trouve que cet homme avait perdu l'usage de ses jambes à l'âge de dix-huit ans à la suite... d'une fusillade.

Le cinéma américain a placé les armes à feu au centre de la mythologie du pays, tout en faisant beaucoup pour dédramatiser leur usage. Dans *Le Retour de l'inspecteur Harry*, Clint Eastwood se retrouve dangereusement seul face à des malfrats lourdement armés, et pourtant il les prévient : « Nous ne vous laisserons pas sortir d'ici, les gars. » « Qui ça, nous ? », rigolent les autres. Clint répond : « *Smith & Wesson and me* », soit une des répliques les plus célèbres du cinéma US. Puis il tire dans le tas, évidemment.

Mais tout est bien qui finit bien : chez Eastwood, la somme des âges du tireur et des cadavres est rarement de moins de cent ans.

17. Psychologie

> « Un homme hypnotisé sur son canapé par une émission de télé. »
>
> France Bleu Gascogne

Ce soir-là, TF1 diffusait *Stars sous hypnose*, émission dont le titre résume à peu près l'ambition. À Parentis-en-Born, village des Landes, un homme de cinquante et un ans et sa femme regardaient s'agiter sur leur écran l'hypnotiseur de foire connu sous le nom de Messmer ainsi que diverses personnalités connues pour leur célébrité. C'était un samedi soir, quoi ! Mais soudain, la femme s'aperçoit que son mari a l'air ailleurs, il n'a plus aucune réaction, il semble comme endormi les yeux ouverts. Coup de téléphone affolé au Samu. Les secours arrivent et constatent ceci : la victime a été hypnotisée par le téléviseur. Le médecin n'en revient pas, il confie que c'est bien la première fois qu'il voit ça. France Bleu Gascogne a vent de l'affaire, la relaie et, quelques heures plus tard, le fait divers régale toute la presse. Laquelle s'en va comme un seul homme interviewer divers spécialistes qui confirment : oui, chez certaines personnes particulièrement réceptives, un état hypnotique peut être induit à distance. La preuve était faite qu'en plus de vendre du temps de cerveau disponible aux annonceurs, TF1 *dealait* du subconscient à on ne sait trop qui dans on ne sait quel but. Mais peu importe dans le fond, car la télévision n'hypnotise plus grand monde aujourd'hui : la ménagère de moins de cinquante ans, comme les autres, télécharge des séries américaines qu'elle regarde sur l'écran de son ordinateur en fumant de vagues pétards.

L'hypnotisé du canapé a repris ses esprits rapidement, sans séquelle apparente, et la presse est repartie fouetter d'autres chats. C'est dommage, il y avait encore beaucoup à dire sur le sujet. Car ce n'était pas la première fois que Parentis-en-Born défrayait la chronique. La fois précédente, c'était en mars 1954 lorsque la société Esso avait découvert près du bourg rien moins qu'un gisement de pétrole. Dans la France de l'après-guerre en pleine reconstruction, assoiffée d'énergie, ce n'était pas rien. « Les Landes vont-elles devenir une manière de Texas ? », s'interrogeait alors la Radiodiffusion-télévision française. « Parentis, cité de l'or noir, voilà de quoi faire rêver », s'extasiait la même.

Ce rêve-là a duré plus longtemps que l'état hypnotique du téléspectateur parentissois. Le pétrole local était intéressant car fluide et ne nécessitait qu'un raffinage modéré. Ici naquirent les premiers forages lacustres d'Europe, nous informe Wikipédia. Cependant les quantités se sont révélées limitées et les Landes, ouf !, ne sont pas devenues une manière de Texas, même si l'exploitation continue aujourd'hui.

Parentis-en-Born est un lieu de spectacle absolument remarquable. Il n'est pas à exclure que d'autres événements sensationnels s'y produisent. Par exemple, Emmanuel Macron pourrait un jour prochain y débarquer pour annoncer tout à trac un nouveau grand projet pour la France. Une soucoupe volante pourrait même s'y poser ; en descendrait un envoyé extraterrestre qui hypnotiserait la population et l'emmènerait tel le joueur de flûte de Hamelin se noyer dans une flaque de pétrole. Avec un peu de chance, cela se produirait le jour de la visite du président Macron. Peut-être ne serait-ce pas une coïncidence.

18. Paranormal

« Un chasseur de train fantôme tué par un train en Caroline du Nord. »

CNN

LE 27 AOÛT 1891, vers 2 heures du matin, un train déraillait en Caroline du Nord, près de Statesville. Trente personnes décédaient dans l'accident. Depuis, il paraît que tous les 27 août, à l'heure précise de la catastrophe, on peut entendre les cris des passagers et les hurlements du métal : il y aurait une sorte de rémanence du drame. Du coup, s'est développé un tourisme local du paranormal qui fait affluer vers les lieux, à chaque date anniversaire, quelques dizaines de curieux, et jusqu'à 300 pour le centenaire en 1991.

En 2010, ils n'étaient qu'une douzaine mais c'est un vrai train qui a déboulé à l'heure fatidique. Bilan : un mort et deux blessés. Perdre la vie sur une voie ferrée est un accident tragiquement commun. Mais la perdre dans ces circonstances est tout à fait unique. C'est un peu comme prendre un lustre sur la tête lors de la visite d'un château hanté : on n'était pas venu pour ça, mais l'extraordinaire était bien au rendez-vous.

De ce côté-ci de l'Atlantique, les gens qui meurent sur les rails sont en majorité des candidats au suicide. Des candidats sérieux, faut-il souligner, puisqu'on se rate rarement quand il s'agit de faire coucou de face à un conducteur de TGV dans l'exercice de ses fonctions. Dans un pays comme la France, où les lignes à grande vitesse se développent aussi vite que le désespoir des classes moyennes, on recense plusieurs centaines de suicides par an sur le réseau national, dont un tiers en Île-de-France. C'est énorme (lire aussi page 103).

Les données ne sont pas très différentes chez nos voisins. L'an dernier, l'Institut de médecine légale de l'université de Milan a été en mesure de publier une étude consacrée à quatre cas de décapitation complète par suicide ferroviaire. Poser la tête sur les rails est une assurance supplémentaire de bonne fin. Aux États-Unis, où les armes à feu se vendent comme des petits pains et le transport ferroviaire de passagers reste peu développé, le désespéré se jette assez rarement sous les trains. Prenez le Jefferson County dans l'Alabama : en quinze ans, entre 1981 et 1995, on n'a ramassé que 86 cadavres sur les voies locales. Le classement se décompose ainsi : 64 accidents, 7 suicides, 6 homicides, 6 indéterminés, 3 morts naturelles. Nous ne disposons pas de chiffres récents sur la Caroline du Nord, mais une étude parue dans le *Journal of The American Medical Association* indique que les rails de cet État ont été le théâtre des adieux de 224 personnes entre 1990 et 1994 ; 128 étaient venues fouler le ballast en dehors de toute nécessité, n'étant ni cheminots ni automobilistes coincés au mauvais moment sur un passage à niveau. Plus des trois quarts étaient ivres.

Résumons : si l'on n'est ni employé des chemins de fer, ni alcoolisé, ni suicidaire, les chances de se faire rouler dessus par un train sont extrêmement minces. Faible également, le risque de mourir dans un train fantôme de parc d'attractions. Mais pas nul : en 1979, sept personnes sont mortes dans le *ghost train* d'une fête foraine australienne. Le manège avait pris feu, et beaucoup de gens ont cru que cela faisait partie du spectacle.

19. Chimie

« Il fait manger un gâteau au cannabis à ses collègues de l'Intermarché. »

L'Écho Républicain

PENDANT la pause matinale, les employés d'un supermarché d'Eure-et-Loir se sont retrouvés autour d'un gâteau au chocolat confectionné par le titulaire du rayon boucherie. Chouette ! Une vingtaine de minutes plus tard, ils ont commencé à se sentir tout bizarres. Cinq d'entre eux ont pris le chemin de l'hôpital. Pâtisserie pas fraîche ? Non, *space cake*. Le boucher a fini par l'avouer à la maréchaussée : il avait mis dans son gâteau un peu de *shit*, alias la résine de cannabis des rapports de police. Et pourquoi donc ? « Par dépit amoureux », a expliqué le boucher-pâtissier, qui a écopé de huit mois avec sursis et 1 500 euros d'amende. Cela fait cher le chagrin d'amour.

Faire manger, à leur insu, un *space cake* à ses collègues, camarades ou amis est affaire assez courante, quoique ce genre de plaisanterie se produise plus souvent dans les lycées et collèges que dans la grande distribution. L'expérience peut être pénible car les effets du gâteau chargé sont moins contrôlables que ceux d'un bon vieux *spliff*. Et puis il y a tellement de sagouins ! On ne fait pas un *space cake* en émiettant bêtement un vieux bout de *shit* dans sa préparation pâtissière. Il faut au préalable confectionner un beurre de Marrakech, mélange d'herbe bouillie et de beurre dont la recette est donnée à peu près partout sur le Web. Utiliser un bon chocolat est important également : ce n'est pas parce que vous allez intoxiquer la moitié de votre établissement qu'il faut négliger ses papilles. Bref, réveillez donc le cuisinier qui est en vous avant d'expédier vos camarades vers un monde récréatif.

Avant que les convives ne soient trop haut perchés, ou déjà partis en ambulance vers les urgences, expliquez-leur que le tétrahydrocannabinol dont ils vont goûter les effets sans l'avoir voulu est une molécule liposoluble. C'est-à-dire que le principe actif du cannabis se dissout parfaitement dans les graisses, avec deux conséquences notables : il s'incorpore bien au beurre (voir plus haut) et reste présent longtemps dans l'organisme (jusqu'à quelques semaines). Cela étant exposé, vous n'aurez plus guère le temps de détailler les mécanismes enzymatiques de la digestion, qui sont tels que certains ingrédients peuvent atténuer les effets du *space cake*, car vos collègues seront déjà en train de vomir ou bien de rire grassement, preuve qu'ils auront bien assimilé la notion de liposolubilité.

Un supermarché est le dernier endroit à choisir pour ce type d'expérience, ou alors procédez au rayon « Farces et attrapes ». Si votre ambition politique vous a propulsé jusqu'au Conseil des ministres, pourquoi ne pas partager votre gâteau d'anniversaire un peu spécial avec le Président ? Lorsque celui-ci, les pupilles affreusement dilatées, se tournera vers vous en balbutiant : « Tu sais pas c'qu'i m'rappelle ton cake ? Cette espèce de drôlerie qu'on bouffait dans une petite tôle de Biên Hoa, pas loin de Saigon, les volets rouges… », alors éloignez le chef de l'État des boutons de commande de la force nucléaire. Et ne changez plus rien à votre recette.

20. Physique

> « Il tombe du troisième étage en crachant sur la police. »
>
> *L'Alsace*

La soirée était très arrosée. Pour amuser ses copains, l'homme de vingt-sept ans a pris son élan pour mollarder sur un véhicule de police qui passait devant l'immeuble. Trop d'élan, puisqu'il est passé par la fenêtre. Des taillis ont amorti la chute. Bilan de l'attentat : quelques fractures, des policiers très surpris et un contrôle d'identité pour tous les participants à la fête.

Ce genre d'incidents n'est pas rare quoique les défenestrations surviennent plutôt lors de concours de crachats opposant des adolescents saturés de bière. Parmi les victimes les plus récentes, un étudiant de la faculté de médecine de Saint-Étienne (vingt-quatre ans, premier étage), un Grenoblois (vingt-deux ans, deuxième étage), un étudiant en ingénierie d'une université canadienne d'Ottawa (vingt ans, onzième étage), un Suisse (vingt-neuf ans, étage inconnu). Les deux derniers sont morts. Plus original, un habitant de Haute-Loire de trente-six ans a chuté de son balcon en faisant un concours de crachats de noyaux d'olive avec sa femme. Emporté par son élan, il est tombé de plusieurs mètres mais s'en est tiré avec une simple entorse. Notez cette variante, qui se fait avec ou sans élan mais toujours au niveau du sol : le cracher de bigorneau, dont un championnat est organisé près de Roscoff. Le principal risque est d'avaler la coquille. À l'heure où nous écrivons, le record du monde est de 10,57 mètres.

Si l'on s'en tient aux sécrétions naturelles, la méthode la plus efficace pour cracher loin est d'amener la salive à l'avant de sa bouche en serrant fort ses lèvres, de respirer un grand coup, et d'expulser. Une course d'élan permet-elle de gagner quelques centimètres supplémentaires ? Nous n'avons rien trouvé à ce sujet dans la littérature scientifique qui, pour l'heure, semble plus préoccupée d'ADN mitochondrial et de bosons W que de chutes accidentelles lors de concours de crachats. La recherche aurait pourtant les moyens de nous éclairer. Un physicien n'a-t-il pas mouliné, il y a quelques années, de savantes équations pour savoir si le temps qu'on perdait en vélo à pédaler contre le vent était compensé, lors du trajet retour, par la poussée que l'on avait dans le dos ? Sa réponse : non. Si la science n'a pas de meilleures nouvelles à nous donner, alors autant qu'elle se taise, tout compte fait.

Mais la science ne se tait jamais : elle vient de nous révéler qu'il y a dans la nature un animal cracheur autrement plus doué que l'être humain. Le poisson-archer, qui vit dans la mangrove, est capable de dégommer un insecte (pour le manger) en expulsant de sa bouche un jet d'eau puissant, précis et de longue portée : jusqu'à plus d'un mètre. Pas mal pour une bête qui mesure entre dix et trente centimètres. Les jeunes spécimens sont moins adroits mais les chercheurs se sont aperçus qu'ils savaient collaborer, groupant leurs tirs pour faire tomber une proie dans l'eau.

Les poissons-archers ne font jamais de concours. Ils crachent pour assommer et visent rarement les cars de flics. Ils savent sans doute que la maréchaussée n'est absolument pas comestible.

21. Physique atomique

> « L'université de Chicago ouvre la capsule temporelle d'Enrico Fermi. »
>
> *The Daily Herald*

LE 2 JUIN 2011, devant un public choisi d'environ 200 personnes, a été ouverte la « capsule temporelle » que le physicien Enrico Fermi, père du premier réacteur nucléaire, avait insérée soixante-deux ans plus tôt dans les fondations d'un bâtiment de l'université de Chicago. Nul ne savait ce que contenait ce colis préparé par l'un des plus grands savants de son temps, Prix Nobel 1938. Et devinez ce que l'on a découvert à l'intérieur ? Eh bien nous ne vous le dirons pas tout de suite.

Commençons par rappeler qu'une capsule temporelle, ou *time capsule*, est un conteneur très résistant, souvent métallique, dans lequel est rassemblée une collection d'objets censés témoigner de leur époque. La capsule est ensuite enterrée ou scellée dans les fondations d'un nouveau bâtiment, pour être ouverte des décennies voire des siècles plus tard : c'est un message envoyé vers l'avenir, un vaisseau temporel, une pochette-surprise pour générations futures. La mode des *time capsules* a débuté aux

États-Unis juste avant la Seconde Guerre mondiale. La première capsule moderne, faite d'un alliage de cuivre, d'argent et de chrome, fut conçue par Westinghouse et enterrée à New York lors de l'Exposition universelle de 1939. Elle contient des choses aussi diverses qu'une poupée, des graines, un microscope, un film d'actualités de quinze minutes et des microfilms. Ce conteneur en forme d'ogive est censé être ouvert en 6939. Depuis lors, un peu partout sur la planète, plusieurs milliers de nouvelles capsules ont ainsi été expédiées vers l'avenir. Il est cocasse qu'on ait déjà perdu la trace de plusieurs d'entre elles. Alors dans cinq mille ans...

La *time capsule* d'Enrico Fermi avait été fermée le 21 juin 1949. Le royaume de Siam venait de recevoir le nom de Thaïlande, l'astronome Fred Hoyle parlait pour la première fois de Big Bang. La capsule fut scellée dans la pierre angulaire d'un bâtiment tout neuf de l'université. Mais en 2011 l'édifice devait être détruit pour laisser place à l'Eckhardt Research Center. L'occasion était donc belle d'ouvrir la boîte de Pandore, dont nul ne se souvenait ce qui y avait été enfermé. Les spéculations allaient bon train. Un bout de graphite extrait du premier réacteur nucléaire jamais conçu ? Un message de Fermi à l'humanité ? Une bombe atomique qui allait ravager la planète dès l'ouverture du récipient comme dans *En quatrième vitesse*, le film de Robert Aldrich ?

Devant une assemblée émue, le récipient en cuivre fut religieusement ouvert et livra les objets suivants : une carte routière de l'Indiana, un annuaire de l'université de Chicago, une liste de diplômés, les horaires de plusieurs compagnies aériennes et ferroviaires, un dessin du bâtiment abritant la capsule, une brochure titrée *La Recherche atomique : la nouvelle frontière de l'industrie*, et un fascicule présentant divers instituts de recherche en physique.

C'est peu dire que l'assemblée fut déçue. Mais elle apprit à cette occasion qu'en 1949, un vol Chicago-San Francisco coûtait 113 dollars, qu'il incluait un repas chaud, et que cinq escales étaient prévues.

22. Sciences du sport

« La championne du monde de grimaces fait un malaise juste après la compétition. »

The Daily Mirror

ELLE VENAIT de quitter la scène après avoir été sacrée championne du monde de grimaces dans la ville anglaise d'Egremont. Subitement Anne Woods s'est évanouie et a dû être hospitalisée. La lauréate de soixante-deux ans venait de grimacer pendant quatre minutes, le pic de sa performance étant le moment où elle avalait sa lèvre supérieure tout en venant se gratter la base du nez avec sa lèvre inférieure. La championne a été découverte inanimée par le lauréat du concours hommes, Tommy Mattinson (lequel aime à loucher tout en plissant spectaculairement le nez) quand celui-ci est sorti prendre l'air. Tommy a commenté en gentleman : « Être sur scène est physiquement éprouvant. En plus, il faisait très chaud dans la salle. Et puis Anne n'est plus toute jeune, cela n'aide pas. » Anne Woods est sortie de l'hôpital quelques heures plus tard. Peut-être y aura-t-il un suivi médical des athlètes lors de la prochaine édition du championnat du monde de grimaces.

En revanche, il n'y aura pas de nouvelle édition du championnat du monde de sauna. En 2010, sa onzième et dernière édition s'est soldée par la mort de l'un des deux finalistes et l'hospitalisation de l'autre dans un état grave. Cet événement sportif, organisé en Finlande depuis 1999 et jamais endeuillé jusque-là, consistait à tenir le plus longtemps possible dans un sauna chauffé à 110 °C. Il y avait cette année-là 130 participants accourus de 15 pays. Au bout de six minutes, les deux derniers candidats (un Russe et un Finlandais) n'étaient pas beaux à voir, si bien que les organisateurs les ont sortis de force. Trop tard. On trouve sur Internet des images de cette évacuation, mais les âmes sensibles auraient tout intérêt à ne pas aller les regarder.

La vie du sportif de haut niveau, en toutes disciplines, n'est pas que fleurs et gloire. Chaque performance se paie au prix fort ; pour être le meilleur, il faut y laisser un peu de soi. Ou un peu de l'autre, mais la place manque ici pour détailler la palette des divers traumatismes qu'ont déjà occasionnés les compétitions de lancer de nain et de lancer d'épouse (autre subtile création finlandaise) et puis, de toute manière, les données restent extrêmement lacunaires dans les pays où ces sports se pratiquent : il y a tant d'obstacles sur le chemin de la connaissance.

Il est plus aisé, si l'on s'intéresse aux sports nautiques par exemple, de s'informer sur le nombre de nageurs, véliplanchistes et surfeurs qui se sont déjà fait embrocher par des espadons. L'accident est rare mais toujours spectaculaire. C'est que l'espadon a un bec (« rostre » est le mot exact) fort pointu, et que l'homme plonge rarement en armure. On a même vu un de ces poissons embrocher un bateau :

c'était en 1967, le navire était le sous-marin scientifique *Alvin*. Se faire transpercer par le rostre d'un espadon est extrêmement douloureux si l'on se fie au témoignage de ceux qui ont fait cette expérience sans y laisser leur peau. C'est aussi extrêmement idiot. Pêcher le maquereau est une activité moins dangereuse, sauf à passer par-dessus bord.

23. Sociologie

« Pau : une fête de famille finit en bagarre générale à cause du chat. »

Sud Ouest

Déroulons le fil des événements tel qu'il a été rapporté par le quotidien *Sud Ouest*. La scène se passe dans le centre-ville de Pau. C'est l'anniversaire d'une jeune fille, une partie de sa famille est réunie, l'alcool coule comme un torrent. Au cours de la soirée, le chat du foyer monte sur la table. Le père de la jeune fille l'en fait prestement descendre. Ça ne plaît pas à l'oncle, qui frappe le père. La mère intervient, elle se fait gifler. Dans la mêlée générale, la grand-mère prend un gnon et se retrouve avec un œil poché. La nièce entre à son tour dans l'altercation, attrape une bouteille et la fracasse sur la tête de l'oncle. À 22 h 45, les policiers débarquent pour siffler la fin de partie. On ne connaît pas le sort du chat, peut-être aplati par une chaise lancée au-dessus de la table ou plus probablement parti chez les voisins quêter un supplément de RonRon.

Tout est mal qui finit mal, mais ç'aurait pu être bien pire. Imaginons en effet que la fête se soit produite dans un foyer où, en sus de l'alcool, des armes auraient été disponibles. Et situons la réunion familiale en Floride pour dépayser l'action. Top départ. L'alligator de la famille saute inopinément sur la table, pile sur le gâteau d'anniversaire. Le père tente d'aplatir l'animal avec une batte de base-ball mais, ratant son coup, ne parvient qu'à assommer l'oncle à moitié. Celui-ci, passablement ivre, se relève et arrose la tablée avec un fusil d'assaut de marque indéterminée. La mère, la grand-mère et deux voisins sont touchés tandis que la fille plonge au sol et fait une roulade vers le buffet d'où elle extrait un Smith & Wesson de bon calibre avec lequel elle fait feu au jugé sur les positions adverses, qui n'ont à vrai dire pas de périmètre bien défini. L'alligator se prend une balle dans la queue et s'enfuit en couinant. Les forces de l'ordre assiègent le bâtiment avant de lancer une grenade à plâtre dans la mêlée juste au moment où la grand-mère se fait sauter avec une ceinture explosive. Joyeux anniversaire !

Rembobinons maintenant le film palois pour l'analyser à la lumière de la sociologie. La chercheuse Régine Sirota a naguère défini la fête d'anniversaire comme étant un « potlatch contemporain de l'enfance », évocation en termes modernes de l'analyse classique de Marcel Mauss. La sociologue écrit : « L'anniversaire est une véritable épreuve de parentalisation. Certes, l'enfant apprend et met en place des codes sociaux mais il exige aussi de ses parents la maîtrise de ces codes. Or ceux-ci ne les connaissent pas toujours puisqu'il s'agit d'un rituel en mutation, qui n'est pas transmis de génération en génération ». Il semble que le centre-ville de Pau soit resté très à l'écart de ces mutations, ou bien qu'il les ait mal comprises.

Régine Sirota poursuit : « Véritable épreuve physique et psychologique dont le succès est immédiatement mesurable, devant l'enfant, ses copains et leurs parents, ce rituel devient en fait un rite d'intégration sociale. Il s'agit de le réussir. D'où le succès des anniversaires commerciaux face à une parentalisation de moins en moins évidente. » On note en effet une inclination croissante des enfants pour les anniversaires McDo, où les clowns et les guignols ne manquent pas non plus, et où les familles se mettent rarement des baffes même si parfois des fusillades éclatent (ce genre d'incidents se produisant plus souvent en Californie ou en Floride que dans les Pyrénées-Atlantiques).

Dernier point, dont la sociologie ne dit rien mais que le simple bon sens recommande : tenir les animaux domestiques à l'écart du gâteau d'anniversaire, et peut-être même de l'anniversaire tout court.

24. Ethnologie

« Sex-tape : Benzema n'est plus sélectionnable. »
Divers organes de presse

N'EST-CE PAS LÀ un énoncé formidablement singulier et synthétique, au point d'en être obscur ? Nous l'exhumons de coupures de presse datant d'il y a plus de trois siècles, c'est-à-dire juste avant que la planète n'entre dans l'épisode dit du Grand Chaos Post-Libéral (GCPL). Cette petite phrase mystérieuse a servi de titre à plusieurs articulets parus en décembre 2015, à la lecture desquels la perplexité va croissant : chacun de leurs mots renvoie en effet à un maillage complexe de références culturelles dont les clés semblent perdues, hélas, en raison des importantes destructions d'archives perpétrées durant le GCPL.

Le jour où le Collège de France m'a fait l'honneur de me confier sa chaire d'histoire socioculturelle du XXIe siècle, j'ai immédiatement réuni quelques collègues pour leur proposer le principe d'un séminaire entièrement dédié à l'exploration de cette phrase sibylline, pensant que si nous parvenions à gravir l'Himalaya sémantique qu'elle enfermait, nous comprendrions sans doute mieux l'origine des troubles qui ont éclaté peu après. En d'autres termes, nous entendions, via ce qui nous apparaissait être un fait divers, jeter un regard de biais sur le GCPL. Le fait que ce chantier se soit soldé par un échec à peu près complet est en lui-même riche d'enseignements puisque cela nous a permis de mieux cerner les limites de notre discipline.

Sex-tape (mot certainement d'origine américaine, littéralement *bande de sexe*) semble décrire une pratique sexuelle collective, de nature indéterminée mais relevant probablement d'une forme de psychopathologie ou au minimum d'une déviance, tout en restant paradoxalement dans les clous de la norme sociale puisqu'il en est question jusque dans des publications de référence où le *sextaping* n'est pas évoqué en termes particulièrement dépréciatifs. *Sélectionnable* est un autre néologisme dont il est rapidement apparu qu'il n'avait aucune connexion avec le terme de *sélection* tel qu'utilisé par le régime nazi *circa* 1940, ni d'ailleurs avec la théorie de l'évolution. Toute la difficulté de notre étude était donc de relier deux mots au sens relativement flou par une solide chaîne causale. Logiquement, c'est vers le contexte social et politique de l'époque (du moins ce que l'on peut en connaître aujourd'hui) que nous nous sommes tournés pour chercher des indices. Décembre 2015 fut marqué en France par l'organisation d'une grande conférence sur le climat ainsi que par des violences dues au développement de l'islamisme radical. Fallait-il relier sexe et islamisme, ou sélection et climat ? Et qui fut ce fameux Benzema ?

Notre meilleure hypothèse à ce jour, et qui le restera tant que de nouvelles pièces n'auront pas été portées à la connaissance des chercheurs, est que « Benzema » n'était pas un individu mais une projection fantasmatique de l'opinion, une sorte de figure de proue de la lutte contre le dérèglement climatique. Or cet avatar, en particulier les préférences et comportements sexuels dont il avait probablement été doté, a dû entrer en collision avec le climat d'hystérie religieuse qui sévissait alors, au point qu'il n'était plus « sélectionnable », c'est-à-dire propre à remplir une fonction d'étendard. Nous attirons l'attention du lecteur sur le fait qu'il ne s'agit ici que d'une pure conjecture.

Des membres du groupe ont proposé une piste plus spéculative encore, tournant elle autour d'une pratique appelée *football*, sexuelle elle aussi, qui se déroulait sur une étendue d'herbe assez vaste en présence de vingt-deux personnes et d'un polyèdre plus ou moins sphérique d'un diamètre d'une vingtaine de centimètres appelé *ballon*. Il se serait agi d'enfoncer cet objet dans l'anus de l'un des participants (le « sélectionné »), pratique barbare qui était sans doute un simulacre de la grossesse masculine. Ou était-ce à des fins purement récréatives ? Nos collègues pensent en tout cas que la mondialisation néolibérale a pu trouver là son totem en même temps qu'une forme de rite conjuratoire. Si cette piste était fondée, la suite, à savoir le nouveau Moyen Âge du GCPL, semble pratiquement couler de source.

25. Mathématiques

> « Norvège : il s'évade de prison sur une planche de surf. »
>
> *The Local*

« NORVÈGE », « surf » et « prison » sont trois mots qu'il semblait difficile de réunir dans une même phrase. C'était compter sans la soif de liberté d'un détenu de la prison modèle de Bastoy, établissement implanté sur l'île du même nom dans le fjord d'Oslo. Le type s'est fait la belle en ramant avec une pelle de plage en plastique. On ne serait pas surpris d'apprendre qu'il avait pris ses précautions en enfilant une bouée-canard. Planche et pelle ont été retrouvées sur la côte ; si l'évadé a gardé la bouée, on devrait pouvoir le repérer assez vite.

Le plus étonnant est que ce garçon d'une vingtaine d'années ait eu envie de s'échapper d'une prison qui, de loin, a un petit air de colonie de vacances puisqu'on n'y voit ni clôture ni barreaux et que ses locataires sont autorisés à sortir faire du vélo, fréquenter le cinéma local au milieu des touristes et même, apparemment, faire du surf. Mais sans doute vient-il un moment où même la plus belle île a épuisé ses charmes, d'autant que le fjord d'Oslo n'est pas le meilleur spot du monde pour les surfeurs.

Ce fait divers oxymorique permet de rêver à d'autres faits divers tout aussi improbables, comme « Mali : un défilé de mode interrompu par une tempête de neige », ou encore « Tokyo : le tournoi de pétanque dégénère en bagarre générale ». Mais l'imagination est presque de trop ici puisqu'il suffit de taper dans un moteur de recherche trois mots évoquant des univers très éloignés les uns des autres pour pêcher des absurdités bien réelles. « Alligator – bière – Noël » retourne par exemple un « Conte de Noël : un habitant de la Floride a essayé de troquer un alligator contre un pack de douze bières ». Le « conte » s'est mal fini puisque le type a été inculpé pour capture illégale et recel d'animal sauvage. Et Noël là-dedans ? L'article était daté d'un 24 décembre.

Il y a peu, le chercheur anglais Peter Backus a calculé ses chances de trouver la femme de sa vie de manière fort rationnelle : il a utilisé l'équation de Drake, celle que l'astronome Francis Drake a élaborée en 1961 pour évaluer le nombre de civilisations intelligentes susceptibles d'exister dans notre chère galaxie, la Voie lactée. Résultat : 26 partenaires potentielles (même âge, mêmes goûts, etc.) dans tout le Royaume-Uni. C'est-à-dire que, pour Backus, les chances de se marier étaient à peu près nulles, ou plus exactement étaient de 0,00034 %. Eh bien nous sommes heureux de vous annoncer que le chercheur a convolé trois petites années après avoir trompeté qu'il ne trouverait jamais l'âme sœur.

Cette histoire, à côté de beaucoup d'autres, prouve que les mathématiques du fait divers ne se tiennent pas dans l'espace des nombres rationnels. Et que le nietzschéen « Rien ne vaut rien. Il ne se passe rien. Et pourtant tout arrive » est vérifié à peu près tous les jours.

Plus difficile maintenant : « fission nucléaire – ornithorynque – Zimbabwe »…

26. Médecine légale

> « Un homme se suicide avec une guillotine artisanale commandée par une minuterie. »
>
> *The Telegraph*

Il y a mille manières de perdre la tête : tomber amoureux, par exemple, ou encore construire chez soi une guillotine artisanale et glisser le cou dedans. Dans ce dernier cas, il s'agit d'une méthode de suicide assez originale puisque les annales médico-légales n'en recensent que trois occurrences dans le monde. Mais c'est déjà beaucoup : n'est-il pas plus simple de se tirer une balle dans la tête ou de se pendre, comme tout le monde ?

L'autodécapitation est rarement le fait de nostalgiques de la Révolution française. Elle résulte plus souvent des effets conjugués d'une grosse déprime et d'un don pour le bricolage. Les gens qui la pratiquent – rarement deux fois – sont toujours des hommes. Des garçons soigneux et désespérés. Remarquable est le fait que deux des trois cas aient été détaillés quasiment simultanément dans deux revues différentes au milieu de l'été 2012. Le premier article – « Suicidal Decapitation by Guillotine : Case Report and Review of the Literature », paru dans le *Journal of*

Forensic Sciences – est signé de trois légistes tchèques dont on sent qu'ils sont un peu déçus. Ils pensaient être les premiers à rapporter une telle monstruosité, or non : un rapide examen de la littérature scientifique leur a révélé un précédent.

En 2002, un légiste britannique avait déjà décrit dans l'*American Journal of Forensic Medicine and Pathology* le cas d'un homme qui, ayant perdu sa femme et, subséquemment, une partie de sa raison, s'était mis à construire une guillotine dans sa cave. Il l'avait montrée aux voisins, annonçant qu'il n'allait pas tarder à s'en servir. Prévenue, la police est arrivée un poil trop tard, retrouvant dans les mains de l'homme sans tête les pinces qui lui avaient servi à déclencher le mécanisme infernal.

La déception tchèque n'a probablement été que de courte durée car la survenue d'un deuxième cas permettait à cette équipe de commencer à bâtir une théorie générale de l'autodécapitation à la guillotine : qui le fait, pourquoi, comment, à quelle heure, avec quel matériel. Le cas tchèque est celui d'un homme de trente et un ans fort affecté par la mort de son père. Les chercheurs notent que la structure de sa guillotine est « intéressante et très ingénieuse ». La lame avait été alourdie par un poids et sa chute guidée par des rails métalliques. Les photos qui accompagnent l'article ne permettent pas de douter de l'efficacité du mécanisme tant la section est nette au niveau du cou.

L'autre pétillant article qu'a livré la presse scientifique en ce bel été 2012 – auquel allait succéder un effroyable automne, du moins sur le plan économique – est paru dans l'*American Journal of Forensic Medicine and Pathology* sous le titre « Suicide by Home Made “Guillotine” to the Chest : A Case Report ». Une équipe canadienne y détaille un suicide doublement hors du commun puisque le désespéré s'est coupé en deux au niveau de la poitrine. Et ce n'était pas par simple maladresse, même si, convenons-en, l'engin du Dr Guillotin est un outil dont peu de gens maîtrisent vraiment le maniement. Autre détail remarquable : ce grand coup de ciseau final a eu lieu dans les bois, ce qui a amené la police à d'abord suspecter un homicide.

La réalisation de ces *home made* guillotines demande un très sérieux équipement, beaucoup de patience et pas mal de talent. Les grandes surfaces de bricolage se réjouiront-elles de voir naître un nouveau segment de marché, ou s'affligeront-elles de perdre si vite d'excellents clients ?

27. Chimie

« Un gaz potentiellement dangereux s'échappait d'œuvres de Damien Hirst. »

Analytical Methods

En 2013, près d'un demi-million de personnes ont visité la rétrospective Damien Hirst à la Tate Modern de Londres. J'en faisais partie et me suis demandé en sortant pourquoi je me sentais vaguement écœuré. J'ai d'abord mis cela sur le compte de l'art industriel de Hirst qui, consommé à hautes doses, finit par provoquer une sorte de nausée chez les sujets normalement constitués. Or voilà qu'un article tout juste publié dans la revue *Analytical Methods* suggère une autre piste : ses auteurs ont testé, lors de la rétrospective londonienne, un nouveau type de capteurs grâce auxquels ils ont repéré dans l'air un taux de formol dix fois supérieur à la norme autorisée. La faute aux œuvres croquignolettes de Hirst comme *Away from the Flock* et *Mother and Child (Divided)* exhibant des animaux plongés dans du formol. Il faut donc croire que les aquariums de l'artiste ne sont pas totalement hermétiques. Cela dit, bien qu'élevée, cette concentration de formol dans l'air aurait eu du mal à provoquer le moindre malaise chez un visiteur. Elle ne poserait problème qu'à des individus passant des années le nez collé sur une œuvre de Damien Hirst, leur propriétaire par exemple. Tant d'argent dépensé pour respirer un gaz cancérigène !

Il me faut donc revenir à ma première hypothèse, celle de la puissance émétique d'un certain art contemporain qui, à la lettre K par exemple, inclurait les productions d'Anselm Kiefer et de Jeff Koons. Ce n'est évidemment pas là un jugement de valeur, seulement l'observation de la réaction du corps humain à une exposition prolongée à certaines œuvres.

L'art n'est jamais sans danger. Du temps où Niki de Saint Phalle faisait ses *happenings* à la carabine, nul n'était à l'abri d'une balle perdue mais c'était tout de même plus gai que des vaches baignant dans le formol. Dès même la naissance de l'art pariétal, on risquait fort de se faire manger (ou pire) par un ours arrivant par-derrière alors qu'on était en train de contempler des empreintes de mains sur les parois des cavernes. Si Picasso est sorti indemne de sa visite des grottes de Lascaux, les plantigrades se faisant rares en Dordogne, l'art contemporain en est ressorti en piteux état puisque le peintre aurait déclaré : « Plus rien ne pouvait être dit après ça » – ou, selon d'autres sources, « Nous n'avons rien inventé » ou encore « Nous n'avons rien appris », ce qui revient à peu près au même. Bref, si l'on prend Picasso au pied de la lettre, pas mal d'artistes auraient perdu leur temps pendant des milliers d'années, et il est bien possible que ce gâchis ne soit pas terminé.

Cette anecdote pariétale, Damien Hirst aime à la raconter pour justifier le fait qu'il puise la plupart de ses idées dans le passé. Ses fameux tableaux de papillons seraient par exemple inspirés des plateaux à thé de l'époque victorienne. Et tout ce bétail plongé dans le formol ? Pareil : ces images peuvent être rattachées à la tradition pastorale anglaise ou bien aux cabinets de curiosités de la Renaissance. Le formol, alias le formaldéhyde, n'est pas non plus une révolution puisque ce composé organique de la famille des aldéhydes a été synthétisé dès 1859.

La vraie nouveauté, c'est qu'un type comme le financier américain Steve Cohen soit prêt à débourser huit millions de dollars pour un requin plongé dans des mètres cubes de formol, œuvre pompeusement baptisée *The Physical Impossibility of Death in the Mind of Someone Living*. Ce sont les acheteurs qui sont les vrais héros de l'art d'aujourd'hui. Ils savent désormais ce qu'ils risquent.

28. Médecine légale

« “Saute, on n’a pas que ça à faire”, crient deux femmes à un suicidaire. »

CNN Türk

DEUX AUTOMOBILISTES turques se sont retrouvées devant un tribunal d’Istanbul pour avoir houspillé un candidat au suicide trop hésitant. L’homme menaçait de sauter depuis l’un des deux ponts qui, à Istanbul, enjambent le détroit du Bosphore. Toutefois, comme ce genre de décision se réfléchit longuement, surtout quand on a 64 mètres de vide sous les pieds, la menace s’est faite de plus en plus vague et un embouteillage a fini par se former sur le pont. Si bien que les conductrices sont sorties de leur véhicule en hurlant : « On n’a pas que ça à faire. Nous sommes coincées ici depuis des heures à cause de toi. Mais saute à la fin ! » L’injonction semble avoir été décisive puisque l’homme a plongé peu après. L’équipe de policiers qui parlementait avec le désespéré estimait avoir été sur le point de le persuader de rester parmi les vivants, elle a donc embarqué les deux femmes. Un juge les a inculpées et placées sous contrôle judiciaire jusqu’à leur procès.

Première passerelle jetée entre les rives asiatique et

européenne en 1973, le pont du Bosphore compte parmi les plus grands ponts au monde. Il offre une très jolie vue sur le détroit bien qu'il soit désormais interdit de s'y arrêter en raison d'un nombre élevé de suicides. Des chercheurs turcs ont étudié soixante-cinq cas survenus entre 1986 et 1995 pour aboutir à ces conclusions : 63 % des sauts ont eu lieu du côté européen, le plus souvent durant l'hiver entre minuit et 6 heures du matin. Âge moyen du candidat : trente ans. Le taux de mortalité est de 96,9 %, ce qui fait du pont du Bosphore (et des autres ouvrages d'art de ce type) un vecteur de suicide extrêmement efficace. Pour de plus amples informations, par exemple pour connaître la proportion de suicidaires qui étaient arrivés sur les lieux en taxi (53 %), reportez-vous à l'article « Suicides by Jumping from Bosphorus Bridge in Istanbul » paru en 2001 dans la revue *Forensic Science International*.

Les petits ponts miteux attirent peu les candidats au suicide. Les ouvrages majestueux tiennent fermement le haut du pavé, avec en tête le Golden Gate Bridge, à San Francisco : près de 2 000 victimes depuis sa construction, et 46 morts rien qu'en 2013, sans compter une centaine de tentatives stoppées *in extremis*. L'article « Suicide from the Golden Gate Bridge », paru en 2009 dans l'*American Journal of Psychiatry*, rapporte les propos de quelques-uns des survivants. La plupart disent avoir choisi cet endroit parce qu'il était beau et que (nous citons) le « taux de réussite » (99 %) y était excellent. La vitesse au moment du contact avec l'eau froide du Pacifique est de 120 km/h, ce qui laisse effectivement assez peu de chances d'ajouter quelques brasses au plongeon.

Au-dessus de la Seine, le rutilant pont de Normandie fait beaucoup d'ombre au vieux pont de Tancarville, d'où l'on ne saute plus que très occasionnellement. Fin 2015, en l'espace de deux mois, cinq personnes se sont élancées depuis le premier quand le second restait vierge de toute tentative. Au site Normandie-actu, un représentant des forces de l'ordre a confié que plusieurs désespérés, sensibles au bel environnement du pont de Normandie, avaient fait des selfies avec leur appareil portable, laissé sur le parapet avant le grand saut.

Pour mettre fin à ses jours, Paris reste une ville intéressante quoique les ponts y soient ridiculement peu élevés. Bien sûr il y a la tour Eiffel. Quand il fait beau, la vue y est sublime et les hésitants ne risquent pas de créer des embouteillages. Sauf s'il y a dix personnes derrière eux qui attendent leur tour.

Fait surprenant, des psychiatres suisses ont révélé dans un remarquable article (« Suicides par saut depuis des ponts et autres hauteurs », *Psychiatry Research*, 2008) que les gens qui se jettent d'un pont sont en moyenne quatorze ans plus jeunes que ceux qui se suicident depuis les immeubles, tours et autres éminences. Peut-être est-ce dû au fait que les ponts sont souvent jetés au-dessus de l'eau, ce qui laisse au sauteur une chance de s'en sortir, et que le jeune candidat à la mort n'est pas toujours très motivé.

29. Psychiatrie

> « Pendant six mois, elle a bu sans le savoir le sperme de son collègue. »
>
> WGN TV

Depuis un bout de temps, cette Américaine trouvait que son café avait un drôle de goût. Puis un jour elle a surpris un collègue en train d'éjaculer dans sa tasse. Devant le tribunal, ce dernier a affirmé qu'il cherchait ainsi à se faire remarquer de sa partenaire de travail. Succès total ! Aucune loi dans l'État du Minnesota ne sanctionnant ce genre d'acte, l'homme s'en est tiré sans autre dommage que de voir son nom circuler dans la presse.

Croyez le ou non, la masturbation sur le lieu de travail est un sujet qui fait couler beaucoup d'encre dans les revues de droit, de médecine, de psychiatrie et de management. Il est vrai que la pratique n'est pas rare : une étude sur une population de 1 000 hommes a révélé que 31 % de ceux-ci s'étaient déjà soulagés au moins une fois au bureau (il n'y avait aucun acteur de porno dans le lot). Les femmes elles aussi : le paisible magazine *Marie-Claire* a livré un stupéfiant sondage affirmant que « près d'une femme sur deux se masturbe au travail » (44 % exactement, sur un échantillon d'Anglaises). C'est à se demander pourquoi l'autre moitié continue d'aller bosser. Au Brésil, en 2011, une dame a même obtenu de la justice le droit de se masturber aux heures de bureau mais il s'agissait là d'un cas pathologique : la pauvre souffrait d'une sexualité compulsive qui l'affligeait de dix-huit orgasmes par jour.

Évidemment l'onanisme en col blanc est plus souvent pratiqué aux toilettes que sur le bureau de la voisine ou du voisin, sinon imaginez les ambiances de boulot. Mais il n'est pas impossible – nous ne disposons pas de chiffres précis sur le sujet, seulement de quelques témoignages – que les longues et mornes réunions de service soient le lieu de dégorgements discrets. Par ailleurs l'irruption sur les postes de travail (*circa* 1995) d'Internet et de son festival pornographique a sans doute réveillé des ardeurs jusque devant les écrans. Votre voisin/voisine n'a-t-il/elle pas une mine plus réjouie que ne le voudrait son travail d'expert-comptable ou d'analyste financier ? Sont-ce vraiment des chiffres qui le/la font haleter ?

Tout cela en est arrivé à un point où les directions des ressources humaines commencent à s'inquiéter. Chute de la productivité, plaintes pour harcèlement sexuel, pollution des moquettes et finalement baisse de compétitivité (car chez les concurrents chinois les ouvriers et employés n'ont même pas le temps de se débraguetter tant ils doivent produire de smartphones) : il était décidément temps que les revues sérieuses s'intéressent au problème. Eh bien c'est le cas depuis qu'en 1997 le journal *Sexual Addiction & Compulsivity* a consacré quatorze pages à un article titré : « Sexual Addiction in the Workplace : An Employee Assistance Program Perspective ». Les auteurs y donnent aux responsables des ressources humaines – ces dernières plus fertiles qu'on ne le pensait – une panoplie de conseils qui vont de la surveillance des effectifs pour éviter les débordements jusqu'à la mise en place d'un programme d'aide aux employés accros au sexe en ligne, ou aux toilettes.

En attendant que les lieux de travail soient effectivement pacifiés, il sera prudent de ne pas perdre des yeux son gobelet de café avant d'avoir bu son ultime goutte.

30. Médecine

« Un chirurgien trouve dix-huit brosses à dents dans l'estomac du patient. »

liveleak.com

Il est important de bien se brosser les dents du fond, mais l'exercice a ses limites, qui sont celles de l'estomac. Dix-huit brosses semble être un maximum ; en tout cas, c'est un nouveau record.

On sait peu de choses du patient, hormis qu'il a survécu. Voilà un miraculé. Le reste de l'information vient d'une vidéo qui a été beaucoup regardée sur Internet : celle de l'opération elle-même. Les médecins ont en effet filmé leur intervention tout en la commentant en direct, non sans alacrité. Il est vrai qu'ils sont en train d'extraire de leur patient toute une armoire de salle de bains car, en sus des brosses, il y a dans cet estomac divers articles de toilette. Cet homme est l'équivalent anatomique d'une mine d'or.

Il est probable que le type n'avait pas toute sa tête. Parfois des boulimiques avalent la brosse à dents avec laquelle ils se font vomir, mais il est rare qu'ils fassent ce genre d'erreur dix-huit fois. Par contre, chez certains cas pathologiques, engloutir tout et n'importe quoi est une activité quotidienne. On relève dans l'*American Journal of Forensic Medicine* un cas d'intoxication mortelle par le zinc suite à l'ingestion de 461 pièces de monnaie : le patient était un bandit manchot ambulant. Un article du même journal a signalé un jackpot de 275 pièces récupérées dans l'estomac d'un autre homme, mort lui aussi, mais d'une intoxication au cuivre cette fois. Le record à battre est celui d'un Anglais dans le ventre duquel on a récupéré plus de 700 pièces de 1 penny et 2 pence. On peut aussi, dans un état de grande confusion, s'enfoncer quantité de choses dans l'anus, y compris des brosses à dents.

La brosse à dents est un des accessoires transitionnels du fait divers. Elle s'est déjà illustrée dans quantité d'affaires surprenantes. Prenez Valentina Terechkova, la première femme jamais envoyée dans l'espace. En juin 1963, cette cosmonaute russe s'apprête à faire le grand saut en solo. Elle prépare méticuleusement sa mission, enchaîne les check-lists car on ne part pas dans l'espace comme en week-end. Arrivée là-haut pour un séjour de trois jours, Valentina s'aperçoit qu'elle a emporté du dentifrice… mais pas de brosse à dents. Pour le reste, la mission a été un succès.

En 1997, aux États-Unis, un homme a abattu son frère parce que celui-ci ne voulait pas lui rendre sa brosse à dents. Le différend entre les frangins ne devait pas se limiter à cela, il fallait un déclencheur. Soudain, tel le monolithe noir de *2001 : l'odyssée de l'espace*, la brosse s'est dressée, et la guerre fratricide a commencé. En 2014, en Angleterre cette fois, un homme en a tué un autre avec une brosse à dents électrique. Comment fait-on pour trucider quelqu'un avec un tel appareil ? Eh bien il suffit d'avoir pris des méthamphétamines et de se livrer à des jeux sexuels du genre violent. Exposer le détail de l'affaire choquerait nos plus jeunes lecteurs.

La première brosse à dents est apparue sur cette planète il y a cinq mille ans. Les poils n'étaient pas en nylon à l'époque, et d'ailleurs la brosse n'en avait pas, de poils : c'était une simple brindille effilée avec laquelle nos prédécesseurs se curaient les dents. Des modèles moins rudimentaires ont été mis au point par la suite, et la production en série a pu démarrer en Angleterre vers 1780. L'idée en revient à un certain William Addis qui, lors d'un séjour en prison, s'est inspiré des balais : il a percé des trous dans un petit os et y a collé des poils de cheval. Quelques décennies plus tard, l'objet était devenu d'usage courant de la France jusqu'au Japon. La brosse à dents électrique est apparue en 1960, en même temps que le nouveau franc et Jean-Claude Van Damme, né le 18 octobre. Et le dentifrice ? Il semble remonter à l'Égypte ancienne, c'était alors un simple mélange de cendres et d'argile, sans oligoéléments. Et la première prise d'otages avec une brosse à dents ? C'était en 2015 à la prison de Poitiers. Une lame de rasoir avait été fixée au bout du manche. Ce modèle-là ne s'avale pas. En tout cas, jamais personne n'en avalera dix-huit.

31. Médecine légale

> « Sud-Ouest : deux personnes se suicident en se jetant sous le même train. »
>
> *La Dépêche du Midi*

PARTI à 7 h 30 de la gare de Bordeaux pour rejoindre Marseille, le Corail Intercité 4655 a percuté un premier suicidaire vers 9 heures à Lamagistère, dans le Tarn-et-Garonne. L'homme a été tué sur le coup. Le trafic a été interrompu pour permettre l'intervention des gendarmes et des secours, avant de reprendre aux alentours de 11 h 30. Quatre-vingts kilomètres plus loin, à Toulouse, le même train a percuté une deuxième personne. C'était un peu avant 13 heures. Cette dernière est également décédée sur le coup. Le train est finalement arrivé à bon port avec quelques heures de retard. Des plateaux-repas ont été distribués aux passagers.

D'abord, inclinons-nous devant les victimes. Il faut, pour en finir ainsi, avoir de sérieux motifs de désespoir ainsi qu'une bonne dose de courage. Ayons aussi une pensée pour les conducteurs (le premier a vraisemblablement été remplacé après l'accident de Lamagistère) car le dernier regard du désespéré face à la locomotive est quelque chose qui ne s'oublie probablement jamais. Ensuite interrogeons-nous : que deux personnes se jettent sous le même train à quelques kilomètres d'intervalle, est-ce là une mesure de l'état d'abattement de ce pays ou bien une dramatique coïncidence ? La SNCF a parlé d'événement « rarissime », ce qui laisse à penser que ce n'était pas tout à fait une première sur son réseau. En tout cas il existe un précédent en Inde : à Calcutta, deux hommes ont sauté sous la même rame de métro à moins d'une heure d'intervalle, et ce sous les yeux du même conducteur, celui-ci n'ayant pu être renvoyé chez lui faute de remplaçant disponible.

En France, plusieurs centaines de personnes se suicident chaque année sur les voies ferrées : plus de 500 en 2012, pas loin de deux par jour. Sachant que 15 000 trains circulent quotidiennement en France, la probabilité est effectivement très faible que les désespérés du jour choisissent la même ligne. Cependant il y a ligne et ligne, et celle du Corail Intercité 4655 semble traverser des territoires particulièrement sinistrés. Le mois précédant le double suicide, un homme s'était déjà jeté sous ce train, au beau milieu de la gare de Castelsarrasin. Quatre mois auparavant, le train avait percuté un autre homme peu avant la même gare. Ligne maudite ? Malaise régional ? Probablement pas : ce genre de séries s'observe dans toutes nos belles provinces. Par exemple en Eure-et-Loir où, en l'espace de quelques jours de 2013, quatre personnes avaient fini leur vie sous un train, trois d'entre elles sur une portion de voie d'une vingtaine de kilomètres entre Chartres et Rambouillet. Par ailleurs, le problème n'est pas spécifique à la France : partout en Europe, les trains roulent sur beaucoup de monde. Il est d'ailleurs étonnant que l'on n'en parle pas plus. Mais peut-être est-ce mieux ainsi : deux études allemandes – dans le *Journal of Epidemiology and Community Health* en 2011 et dans le *Journal of Affective Disorders* en 2013 – ont noté une sensible augmentation du nombre de suicides ferroviaires après que les médias eurent longuement disserté sur le cas de célébrités qui s'étaient elles-mêmes jetées sous des trains : c'est l'effet *copycat*.

Cependant, si les journaux avaient publié des photos montrant ce qu'il restait de ces célébrités après que le train leur fut passé dessus, l'effet aurait probablement été inverse. Il nous faut donc choisir l'Europe dans laquelle nous souhaitons vivre : l'une où chaque année des milliers de personnes continueront de laisser leur vie sur les rails dans une relative indifférence, ou bien l'autre où journaux et sites web regorgeront de corps déchiquetés. Cela résume assez bien l'idée européenne dans le fond : il s'agit toujours d'éviter le pire.

32. Physique

> « Elle plante son talon aiguille dans le crâne de son compagnon. »
>
> *The Express Tribune*

En Arabie saoudite, pays de sable et d'hydrocarbures, une classique dispute de couple s'est terminée de manière peu classique. Grave traumatisme crânien, a diagnostiqué le service des urgences. On n'aurait jamais entendu parler de l'affaire si les agences de presse n'avaient pu relayer, en même temps que l'information, une photo de la tête de l'homme avec à son sommet le *stiletto* encore enfoncé. Magie de l'image !

Pas peu fiers, les médecins de l'hôpital saoudien ont indiqué à la presse n'avoir jamais vu un tel cas. Cette tentative de meurtre au talon aiguille a pourtant eu plusieurs précédents, en particulier aux États-Unis où les femmes ont plus souvent sous la main une chaussure au talon pointu qu'une tronçonneuse (cela doit être vrai dans beaucoup de pays).

Le talon aiguille est apparu dans les années 1930. Sa longueur peut atteindre 25 cm, pour celles qui ne souffrent pas de vertige. Son diamètre à la base est rarement supérieur à 1 cm et sa rigidité est à toute épreuve, la preuve. Cet accessoire effilé n'est pas aussi pénétrant qu'un clou mais largement plus pratique en cas de différend conjugal : on pense rarement à planter un clou dans le crâne de son partenaire lors d'une dispute, d'autant que si l'on a un marteau sous la main il est tentant de s'en servir directement (le cas s'est vu, et plus d'une fois).

Les assauts au talon aiguille se déroulent presque toujours lorsque l'un ou plus souvent les deux partenaires ont un fort taux d'alcool dans le sang. L'agresseur est de sexe féminin, l'agressé est mâle et violent. L'acte n'est généralement pas prémédité, c'est une inspiration du moment réalisée avec les moyens du bord. Les motifs peuvent être variés, mais c'est toujours la tête qui est visée. Une Texane a tué son petit ami (un médecin) de 25 coups de talon dans le visage et sur le crâne, lors d'une soirée très arrosée – la chaussure était bleue, en cuir suédé, pointure 41, avec un talon de 15 cm. La femme a plaidé la légitime défense, elle a écopé de trente ans de prison. Un cas similaire a été récemment constaté en Géorgie : coups répétés à la tête ayant entraîné la mort, portés par une femme déchaussée qui, elle aussi, a plaidé la défense légitime. On ne connaît ici ni la pointure de la chaussure ni la longueur du talon, mais il est clair que la soirée se serait mieux terminée si la femme avait porté des *moonboots* ou des pantoufles.

Les revues de médecine légale se sont encore peu penchées sur ce type de crimes, les talons aiguilles nourrissant plutôt des articles ayant trait à des stimulations anales qui ont mal tourné : c'est une très mauvaise idée que de s'enfoncer des talons pointus dans l'anus, on préférera des objets en plastique. De leur côté, des chercheurs britanniques du Royal Veterinary College britannique ont récemment établi qu'un pied humain chaussé de talons hauts exerçait sur le sol exactement la même pression qu'une patte d'autruche. Ils en ont conclu qu'au lieu de chercher à reproduire la mécanique complexe d'une jambe humaine, les concepteurs de prothèses et de robots gagneraient à les simplifier. En effet, pour les personnes ayant subi une amputation au-dessus du genou, une prothèse humanoïde classique s'avère généralement lourde et encombrante. Il serait bien plus efficace, suggèrent les biomécaniciens, de doter ces patients d'un pied d'autruche fixé au bout d'une jambe ultralégère. Il suffit pour s'en persuader de regarder les prothèses utilisées par l'athlète handicapé sud-africain Oscar Pistorius : des lames légères et flexibles qui ont fait leurs preuves en compétition, mais pas encore dans des tentatives de meurtre. Car, bizarrement, c'est à l'arme à feu que Pistorius a tué sa petite amie.

33. Sociologie

> « Il meurt foudroyé à cause de sa perche à selfie. »
>
> *Le Parisien*

« Il », c'est un Britannique qui visitait le parc national de Brecon Beacons au pays de Galles, où l'on ne risque pas de se faire dévorer par un lion. Mais nul n'y est à l'abri des orages : très mauvaise idée de déployer une perche à selfie quand le tonnerre gronde sauf à vouloir laisser une photo-souvenir de son suicide.

Le selfie, ses motivations et ses accessoires sont entrés dans le champ des sciences sociales juste avant d'envahir la rubrique des faits divers. Dans les revues savantes, ce renouveau du mythe de Narcisse a fait rouler un torrent d'encre qu'il n'est pas illégitime de qualifier d'impétueux. On y lit de fort belles choses comme : « Le terme "selfie" correspond à un processus d'identification tardif d'un groupe de pratiques photo ou vidéo réflexives lié à l'émergence d'une esthétique de la subjectivité », cela sous la plume d'André Gunthert dans la revue *Études photographiques*. L'auteur, « explorant l'articulation de l'autonomie de la prise de vue avec la participation à l'action, ainsi que le décollage produit par les usages conversationnels », entendait montrer que le déclencheur du phénomène est une controverse médiatique s'apparentant à une panique morale. Dès 2013, en effet, la dénonciation du caractère narcissique de l'autoreprésentation a fait du selfie une quasi-subculture. Cette pratique s'est peu à peu muée en signature impertinente et même progressiste, au point de devenir « la pratique photographique la plus représentative de l'expression visuelle contemporaine ». Renversement de point de vue qui sied parfaitement au sujet.

Oui mais tout cela, c'était avant l'apparition des perches à selfie que des cohortes de touristes japonais menacent de vous planter dans l'œil jusque dans les musées les plus reculés des provinces françaises (l'accessoire est désormais proscrit dans les grands établissements parisiens). Si bien que le selfie ne devrait pas tarder à occuper une place centrale dans les revues d'ophtalmologie : l'affaire avait commencé avec Narcisse, elle va se poursuivre avec Tirésias, héros aveugle. Avant sans doute de se terminer avec Œdipe et les revues de psychanalyse puisque ces longs bras télescopiques sont également susceptibles d'alimenter de longs exposés autour du thème « Autoreprésentation et revendication phallique ».

Avant, c'était simple : le touriste demandait à un passant de le prendre en photo devant Notre-Dame, et ledit passant se carapatait avec l'iPhone pour le revendre porte de Saint-Ouen. Les clichés de vacances créaient du lien social, quoique de faible intensité. Désormais, c'est plus compliqué. La perche est un bras que l'on tend non plus vers autrui mais vers les réseaux sociaux qui se nourrissent d'autopromotion selfienne. Ce qui, tout bien réfléchi, revient au même, à ceci près que le risque est moindre de se faire faucher son smartphone. En outre, la perche constitue une redoutable arme d'autodéfense. « Il embroche un touriste japonais qui l'avait bousculé devant le château de Chambord » est un titre auquel nous n'allons certainement pas échapper.

34. Physique

« Des collégiens envoient une saucisse de Morteau dans la stratosphère. »

L'Est Républicain

Ce n'était pas une blague de potache mais une expérience menée par le club scientifique du collège Saint-Exupéry de Beaucourt (Territoire de Belfort). La saucisse a été attachée à un ballon-sonde qui a propulsé la charcuterie à plus de 30 000 mètres d'altitude. On a depuis perdu sa trace. Elle a dû retomber quelque part en Suisse et peut-être même sur un Suisse, lequel a dû regretter qu'elle ne tombe pas toute cuite du ciel. Ç'aurait pu être une andouille, avec promotion soudaine de chef d'escadrille, mais non, c'était une saucisse de Morteau car l'expérience était sponsorisée par l'Association de défense et promotion des charcuteries et salaisons de Franche-Comté. Cet organisme a promis son poids en saucisses à celui qui retrouvera la saucisse volante. On imagine qu'une horde d'affamés est partie illico ratisser la région.

Le ballon-sonde est un excellent vecteur de publicité, et pas cher avec ça. On peut y attacher tout et n'importe quoi d'un poids raisonnable, y compris un roman de la rentrée littéraire qu'on aurait du mal à promouvoir autrement. Toutefois il ne faudra pas abuser de ce genre de lancements car le public finirait par se lasser. Sans compter qu'une averse continue de saucisses de Morteau ou de romans de Christine Angot pourrait faire des victimes.

L'expérience scientifique est un registre suffisamment riche pour que le milieu associatif puisse diversifier à l'infini ses coups de pub. L'Association de promotion des fruits et légumes confie un concombre au CERN pour le vaporiser dans un accélérateur de particules. L'Association de défense des actionnaires minoritaires enferme un de ses membres dans un caisson hyperbare. L'Association des fromages d'Auvergne envoie vers Mars une sonde contenant un saint-nectaire tout droit issu des zones volcaniques des monts Dore dont les terres riches culminent à une altitude de 1 000 mètres de moyenne, espaces préservés qui offrent ce qu'ils ont de plus précieux, une nature faite d'air pur et d'ondulations verdoyantes.

Il n'est pas à exclure que de vraies découvertes scientifiques découlent de ces expériences. Le concombre vaporisé à coups d'antiprotons s'avère être un excellent produit pour lutter contre les odeurs de pets dans les maisons de retraite. Après dépressurisation, le petit actionnaire sait danser le *casatschok* comme personne. Les Martiens nous renvoient le saint-nectaire avec un message d'injure et déclenchent une guerre intergalactique. Les romans de Christine Angot deviennent formidablement comiques après un séjour dans la stratosphère. Une saucisse de Morteau retombe sur le crâne de François Bayrou alors en vacances en Suisse, lequel, après un bref instant d'étourdissement, balbutie quelques mots – « Je me présente devant vous en homme libre, avec un projet et une volonté pour votre peuple et pour votre pays » – puis s'en va réclamer son poids en saucisses de Morteau.

35. Technologies du froid

> « Une femme frappe son compagnon avec un steak. »
>
> *Houma Courier*

C'EST UN DIMANCHE après-midi morose en Louisiane, le ventilateur tourne, la maison est moite, Edith picole. Lorsqu'elle ouvre la porte du freezer pour y enfourner une nouvelle bouteille de Tequila Rose, cette femme de quarante-sept ans s'aperçoit que son compagnon Jerry a rempli le frigo jusqu'à la gueule, au point que même une bouteille n'y entrera pas. En conséquence de quoi, Edith attrape un steak congelé et le lance de toutes ses forces sur Jerry. Tir assez précis malgré l'ébriété puisque l'homme est atteint à la joue droite. Lorsque la police arrive, aux environs de 18 heures, Jerry saigne encore, plus que le steak en tout cas. Edith est embarquée, emprisonnée puis relâchée après versement d'une caution.

L'affaire a été rapportée le lendemain dans les colonnes du quotidien *Houma Courier*, auquel ne saurait échapper le moindre événement survenant dans la paroisse de Terrebonne, en Louisiane. Le surlendemain, l'agence de presse AP reprenait l'info dans une dépêche, dont la rédaction était très proche de celle de l'article, à ceci près que « Tequila Rose » était remplacé par « *mixed drink* ». Le titre de la dépêche était à la fois plus précis et plus prudent que celui du quotidien : « Une femme aurait frappé un homme avec un steak congelé ». Peu de temps après, le portail Excite.com reproduisait la dépêche AP dans sa page « News », à la rubrique « Insolite » (*odd*). Aujourd'hui, le lecteur de cet ouvrage apprend que le vaste ensemble des armes de sixième catégorie s'est étoffé d'un nouvel élément : le steak congelé.

Il aura fallu plus d'un demi-siècle pour que l'attaque à la viande congelée passe de la fiction à la réalité. La fiction, c'était dans la série télé *Alfred Hitchcock Presents* : un des épisodes de la saison 3 (1957-1958), *Lamb To The Slaughter*, mettait en scène une femme qui, apprenant que son mari en aimait une autre et souhaitait divorcer, fracassait la tête dudit mari d'un coup de gigot congelé. Le lecteur ne manquera pas de s'en souvenir la prochaine fois que sa compagne ou son compagnon l'aura trompé, ou aura trop rempli le freezer. Quelques conseils et rappels avant le début des hostilités :

- le steak décongelé est relativement inefficace dans une scène de ménage. Peut-être le freezer est-il en panne. Avez-vous vérifié la prise ? Le fusible ?
- la côte de bœuf congelée est un projectile tout aussi redoutable que le gigot. Préférez le tournedos pour commencer, ou des viandes moins onéreuses. Visez le torse, ou le nez si vous êtes très en colère ;
- ne jamais recongeler la viande après usage ;
- mélange de liqueur de fraises et de tequila, la Tequila Rose est un truc sucré parfaitement imbuvable. La

vodka trouve plus naturellement sa place dans le freezer, si place il y a ;

- lancées en rafales, les pommes dauphine surgelées offrent une variante intéressante, assez rigolote. Si les yeux ne sont pas touchés, la réconciliation reste possible.

36. Physique

> « Un soldat américain décède en Irak touché à la tête par une balle retombant du ciel. »
>
> *Stars and Stripes*

Le 31 juillet 2003, James I. Lambert III, soldat de vingt-deux ans attaché à la première division blindée, succombait en recevant sur le haut du crâne une balle tirée par on ne sait qui, et qui *a priori* ne lui était pas destinée. Pour un Américain, il y avait à l'époque mille façons de mourir à Bagdad. Celle-là était vraiment originale.

Il arrive que, dans de grands moments de joie, certains se saisissent d'une Kalachnikov et tirent follement des coups de feu en l'air. En tout cas, la chose se pratique dans beaucoup d'endroits de la planète, en particulier au Moyen-Orient. La pratique n'est pas sans danger : une balle peut retomber sur la tête de quelqu'un, et c'est ce qui est arrivé dans le cas qui nous occupe.

La science a longtemps manqué de données sur ce type d'accident pas si rare, jusqu'à ce qu'une équipe de chercheurs aille passer le réveillon de l'an 2003-2004 à Porto Rico. Sur cette île charmante, la nouvelle année est traditionnellement célébrée par un grand canardage des étoiles. Tant et si bien que l'on relève en moyenne deux morts et vingt-cinq blessés par Saint-Sylvestre. Eh bien, comme ils l'ont rapporté dans la délicieuse revue *Morbidity and Mortality Weekly Report*, les épidémiologistes ont établi que les balles retombant du ciel étaient largement en cause, après examen de dix-neuf personnes qui avaient fort mal commencé l'année 2004 : un mort et dix-huit blessés.

Quelques années auparavant, une autre équipe américaine avait analysé une grosse centaine de cas en exhumant de vieux dossiers. La plupart des victimes (77 %) avaient été touchées à la tête avec un taux de mortalité de 32 %, bien supérieur à celui des blessures par balles « classiques », c'est-à-dire résultant de tirs plus ou moins horizontaux. La raison en est probablement que ces balles « lentes », qui bourdonnent comme des frelons, font des dégâts considérables quand elles touchent le crâne. Notez que l'on compte parmi ces victimes au petit bonheur plus de femmes et d'enfants que dans les fusillades habituelles.

D'un point de vue de santé publique, il y a donc là un problème qui doit inciter les pouvoirs publics à réglementer l'usage des armes les soirs de liesse. Dans sa grande sagesse, Saddam Hussein avait banni ce type de réjouissances, fréquentes en Irak. Las ! Les tirs ont repris de plus belle après que le Raïs a eu quitté le pouvoir. « Chaque jour à Bagdad, et parfois plusieurs fois par heure, rapportait la revue *Stars and Stripes* en 2003, un Irakien tire des coups de feu en l'air parce qu'il est content pour une raison ou pour une autre. » Les tirs horizontaux restent tout de même plus fréquents, aujourd'hui encore.

La physique du coup de feu vertical est passionnante mais pleine d'équations complexes. Résumons l'essentiel. Un projectile classique de calibre 7,62 mm tiré verticalement à partir d'une carabine part à une vitesse initiale d'environ 800 mètres par seconde. Il décélère rapidement pour atteindre une altitude de 2400 mètres en 17 secondes, puis il est ramené vers le sol par la gravité. Il lui faut 40 secondes pour retomber sur terre, à une vitesse de 70 mètres par seconde. Un projectile plus sérieux, genre 44 Magnum, monte à 1400 mètres et revient à 76 mètres par seconde. Seul un parapluie blindé protégerait de ce genre d'averses. Figurez-vous qu'on a essayé. Peu après la Première Guerre mondiale, l'Américain Julian S. Hatcher a installé une mitrailleuse sur une plate-forme en mer au large de la Floride. Un jour sans vent, 500 projectiles furent tirés dans les airs aussi verticalement que possible. Résultat : seuls quatre retombèrent sur le toit en métal qui protégeait les expérimentateurs. Les autres se dispersèrent dans l'eau dans un diamètre d'une vingtaine de mètres autour de la plate-forme.

En temps normal, on n'a donc guère plus de chances de prendre sur le crâne la balle que l'on vient de tirer que de gagner au Loto.

37. Zoologie

« Pas-de-Calais : le kangourou en cavale se serait échappé d'un jardin privé. »

La Voix du Nord

Le 9 août 2010, la République de Singapour fêtait le quarante-cinquième anniversaire de son accession à l'indépendance. Le même jour, et ceci n'a que peu de rapport avec cela, un homme capturait un kangourou à Fruges, dans le nord de la France. C'était un petit kangourou, mais un kangourou tout de même. Fruges est un village qui n'est proche d'aucune ville conséquente, car nous hésitons à inclure Saint-Pol-sur-Ternoise, distant d'une vingtaine de kilomètres, dans cette catégorie. Si vous connaissez Saint-Pol-sur-Ternoise, vous savez en tout cas qu'un kangourou n'a rien à faire par là. À Fruges, l'animal antipodal est plus improbable encore, sauf à s'être échappé d'un zoo ou d'une imagination fertile. Or nous n'étions ni dans l'un ni dans l'autre de ces cas.

La réalité brute, le fait nu, la stricte vérité est que le kangourou s'appelait Bébert et qu'il venait de fausser compagnie à sa copine Pépette, tous deux logeant chez un particulier ayant un faible pour les marsupiaux et une inclination ravageuse pour les petits noms idiots. Bébert avait décidé de visiter Fruges, (faiblement) connu pour être le lieu de production du rollot, un fromage à pâte molle et à croûte lavée. Or, avant même que notre kangourou arrive à se fourrer un rollot dans la poche, un type le repère, le coince dans une rue avec son auto et, à 23 h 10, appelle la gendarmerie pour annoncer la nouvelle en des termes dont nous aimerions bien connaître le détail.

Le gendarme est bon enfant, prompt à procéder à la constatation des faits même les plus inattendus, mais il a horreur d'être dérangé par des types qui, à la faveur d'une soirée arrosée, se mettent à voir des animaux exotiques à travers les vapeurs de genièvre. Pourtant, chose extraordinaire, la maréchaussée s'est déplacée ce soir-là. Elle n'a pas perdu son temps puisqu'elle a pu constater la matérialité de l'animal d'assez près pour émettre l'hypothèse que le marsupial divaguant sur la voie publique était un wallaby. Mais, alors que les gendarmes tentaient d'appréhender le suspect, celui-ci s'est fait la malle en faisant des bonds comme seuls savent en faire les kangourous. Il ne devait pas être loin de minuit, Pépette était probablement morte d'angoisse.

En août 2007 à Sarov, ville russe de la Volga, un crocodile était tombé du douzième étage d'un immeuble. Il s'agissait d'une tentative d'évasion ratée : Khenar (le nom de la bête) vivait depuis quinze ans chez des amateurs de reptiles aquatiques et il en était à son troisième saut dans le vide. Seuls dommages apparents : une dent cassée pour l'animal, et un début de panique à Sarov où les chutes de crocodiles impressionnent toujours. À Fruges ne se dresse aucun immeuble de douze étages ou plus, ce qui met le village à l'abri de ce genre de mésaventures, du moins tant qu'on ne jettera pas de crocodiles depuis des hélicoptères.

Bébert a été capturé quatre jours plus tard par son propriétaire, lequel s'est ensuite présenté spontanément à la gendarmerie. Pépette vous passe le bonjour.

38. Sociologie

« Jaloux, il met le feu au chat de sa compagne et le jette par la fenêtre. »

Nice-Matin

IL ÉTAIT JALOUX, donc suspicieux et même franchement inquisiteur. Elle a refusé de lui laisser consulter les appels qu'elle avait passés et reçus sur son téléphone portable. Il s'est saisi du chat de sa compagne, l'a arrosé d'alcool et l'a enflammé. Le chat a couru se cacher sous le canapé. Qui a pris feu aussi. Afin d'éviter que les flammes ne se propagent, a assuré l'homme, il a jeté le chat par la fenêtre. Fenêtre assez haut perchée puisque l'appartement se trouvait au septième étage. Arrivé en bas, le chat aplati et grillé était encore vaguement en vie, une vie qu'un vétérinaire convoqué en urgence s'est empressé d'abréger. Le trentenaire jaloux a été placé en garde à vue. Puis a été condamné à deux ans de prison ferme. *Nice-Matin*, en rapportant l'affaire, a jeté dans son article cette relance en gros caractères : « Sinon je brûle le chat ! »

Drames de la Jalousie, Disputes de Couples qui Dégénèrent, Cruauté envers les Animaux, Téléphone Portable et Société sont quelques-uns des dossiers dans lesquels les documentalistes de presse (s'il en reste) ont dû archiver l'affaire. Peut-être l'un d'entre eux, sitôt classé l'article, a-t-il eu la bonne idée d'en envoyer une copie aux chercheurs. Pas aux psychiatres, déjà très occupés par ailleurs, mais aux spécialistes de la littérature. Car la jalousie et ses développements sont le carburant d'un nombre incalculable de romans que les successeurs de Gustave Lanson (fameux historien de la littérature) étudient avec gourmandise et trépignements. Or, depuis Proust, il n'y a rien eu de vraiment révolutionnaire sur le sujet, au point que l'Université s'impatiente. Elle réclame de la jalousie numérique, de la rupture par texto, du tweet qui fait mal. Ah si les portables avaient existé à l'époque où le grand Marcel écrivait, que de raffinements supplémentaires il eût pu apporter à son œuvre ! « Albertine, je vois sur l'écran de votre appareil que vous avez reçu à 23 heures et 17 minutes un appel d'une femme que nous savons tous deux être de mauvaise vie, et que vous ne m'avez jamais signalée comme étant une de vos proches relations, ce qui de toute évidence est le cas sinon elle ne vous aurait pas appelée à pareille heure, heure à laquelle moi-même j'essayais de vous joindre sans succès tout en me le reprochant d'ailleurs puisqu'en vous dévoilant ma jalousie, au prix de trop d'unités de mon forfait Carré Vert de SFR, il était à craindre que vous ne la considériez comme une défiance qui vous autorise la tromperie. » Etc. Il eût fallu ajouter deux ou trois volumes à la *Recherche* pour permettre au grand œuvre proustien d'épouser l'époque merveilleuse du sans-fil et du soupçon généralisé qui est la nôtre.

Peu probable qu'après une telle conversation, le

Narrateur se soit saisi du chat d'Albertine pour y foutre le feu, plus improbable encore qu'il l'ait ensuite balancé par la fenêtre. De toute façon, Albertine n'avait pas de chat et le Narrateur, lui, ne cherchait pas à soulager ses souffrances via de vils artifices mais au contraire à les prolonger *ad libitum*. Quand bien même Albertine n'eût possédé qu'un hamster, celui-ci n'aurait jamais craint pour sa vie. Reste cette question : Marcel aurait-il été plutôt Apple ou plutôt Samsung ?

Au moment de clore cette histoire, nous apprenons qu'un militaire de Montauban très alcoolisé a tenté d'étrangler sa femme avant d'attraper le chat de cette dernière et de le projeter contre un mur. Il faut croire que quand les souris dansent, c'est le chat qui trinque.

39. Ethnologie

> « Il découvre le visage de sa fiancée et court se suicider. »
>
> *20 Minutes*

LA VIE CONJUGALE n'est pas un long fleuve sans crues mais, en règle générale, les gros problèmes ne surgissent pas avant quelques mois, ou quelques années. Dans le cas présent, tout a déraillé le jour même du mariage. C'était en Chine, le mariage avait été « arrangé » (la chose se pratique encore un peu dans ce pays) si bien que l'époux a découvert l'épouse au moment de la cérémonie. Elle était moche, du moins pas assez belle au goût du promis. Poli, le jeune homme a présenté ses excuses à la jeune fille avant de s'échapper de la noce pour aller se foutre dans une rivière. Les secours sont arrivés à temps. Vive les mariés !

Le mariage est une institution qui n'a pas fini de régaler les ethnologues et les faits-diversiers. Florilège. Un couple bulgare se promène sur l'île d'Ibiza, et soudain le jeune homme fait une demande en mariage à sa compagne. La fille saute de joie. Pas de chance : les deux tourtereaux étaient au bord d'une falaise. La future mariée perd l'équilibre, fait une chute d'une vingtaine de mètres et meurt. C'est ce qui s'appelle tomber des nues. Aux États-Unis, où l'on aime le spectaculaire, un jeune homme fait sa demande lors d'un match de base-ball devant des milliers de personnes. « Veux-tu m'épouser, Jessica ? », fait le type tout mielleux. La fille, sur un ton moins sucré : « Je suis désolée, euh, mais non. » Et le type de partir en courant, violet de honte, sous l'œil des caméras. On ne sait s'il y avait une rivière à proximité et si elle était profonde. À moins que l'éconduit ne se soit achevé à coups de batte de base-ball.

Falaise encore. Une semaine après leur mariage, les Américains Jordan et Cody se disputent violemment puis partent se réconcilier en marchant dans un parc naturel. Arrivée en haut d'une falaise, la jeune femme pousse son mari dans le vide. Elle déclarera plus tard aux policiers : « C'était un endroit qu'il voulait voir avant de mourir. » États-Unis encore : quelques mois avant la cérémonie, une jeune femme décide d'annuler son mariage et fait ses valises. Son futur la plaque contre le mur pour tenter de lui faire avaler la bague. Il est maîtrisé juste avant qu'il ne mette le feu à la maison. Direction le Yémen où les invités d'une noce se trémoussent sur la piste de danse au rythme de *Gangnam Style* lorsque soudain l'un d'entre eux sort un revolver pour tirer des coups de feu en l'air. Bilan : trois morts. Détour en Espagne où une jeune femme enterre sa vie de jeune fille dans une fête à tout casser ; neuf mois plus tard, elle donne naissance à un bébé atteint de nanisme : elle avait couché avec le strip-teaseur nain venu animer la soirée. Retour en Amérique où Elytte et Miranda Barbour avaient un projet original pour fêter leur union toute fraîche : tuer quelqu'un. Ils prennent un type dans leur voiture et tandis qu'Elytte l'étrangle, Miranda le poignarde. Cette dernière avouera de multiples assassinats, précisant : « À partir de vingt-deux, j'ai arrêté de compter. » Quand on aime…

Si, malgré tout cela, l'envie vous venait de convoler, sachez qu'une étude récemment publiée par la revue *Social Science & Medicine* a révélé que le mariage faisait grossir de deux kilos en moyenne.

40. Accidentologie

« Essex : un adolescent heurte un cerf pendant l'examen du permis de conduire… et obtient son diplôme. »

The Daily Mirror

CHAQUE ANNÉE, jusqu'à 74 000 cervidés se font percuter sur les routes du Royaume-Uni. C'est un chiffre énorme, formidable, prodigieux. Il signifie que, chaque jour sur les îles britanniques, 200 voitures entrent en collision avec cerfs, biches, daims et chevreuils. Soit, en gros, un carton toutes les huit minutes, 24 heures sur 24, dimanche et jours fériés compris.

Tous les animaux n'en meurent pas, ni tous les automobilistes. On ne dispose pas de chiffres précis sur les dommages infligés aux premiers, mais, chez les seconds, le bilan annuel est de quelque 700 blessés et d'une dizaine de morts. C'est une guerre qui ne dit pas son nom, où seul un des camps est armé. L'essentiel du carnage se produit en Angleterre durant les mois d'hiver. Le pare-buffle n'est pas un accessoire inutile lorsqu'en décembre on se risque à traverser la région d'Ashdown Forest dans l'East Sussex, ou celle de Halden Hill dans le Devon.

Nous imaginions la Grande-Bretagne comme le royaume du thé et du golf. Eh bien nous avions tort : ce pays se distingue principalement par le fait qu'on y plie de la tôle jour et nuit en tamponnant du cervidé. La France, elle, serait plutôt le pays du sanglier culbuté, avec plus de 20 000 collisions en 2009. Car, dans le grand concert des nations, chacune s'illustre par l'espèce qu'elle aplatit le plus fréquemment sur les routes. Les élans, par exemple, posent un vrai problème aux automobilistes suédois (400 blessés par an) et aux conducteurs de motoneige, surtout lorsque ceux-ci sont ivres : c'est le cas 86 fois sur 100, découvre-t-on, effaré, dans la revue *Arctic Medical Research*.

Les Australiens percutent volontiers du kangourou, comme nous étions enclins à l'imaginer. Il y a 20 000 accidents par an, les plus sérieux se produisant lorsque le conducteur tente d'éviter la bête car l'affaire se termine alors dans le fossé contre quelque obstacle généralement plus résistant que la carcasse de marsupial. En revanche, l'automobiliste saoudien est encouragé à éviter les chameaux autant que faire se peut. Pour deux raisons. Un : le camélidé est très haut sur pattes et, lorsqu'il bascule sur une voiture après collision, il vient souvent écraser l'habitacle et ses occupants. Deux : le désert saoudien recèle peu d'obstacles sérieux sur le bord de ses routes. En Arabie saoudite, le comble de la malchance est de percuter un chameau en essayant d'en éviter un autre. Mais cela signifie probablement que l'on était en train de foncer droit sur un troupeau.

Les chats, les chiens et les hérissons sont écrasés en quantités extraordinaires un peu partout sur la planète, mais, comme les dégâts occasionnés aux véhicules sont mineurs voire nuls, les compagnies d'assurances s'en moquent éperdument. Et, *ipso facto*, les pouvoirs publics aussi. Ce qui n'est pas une raison pour rouler sur tous les bassets qui se présentent.

Les bonnes nouvelles maintenant. On écrase assez peu d'ours blancs, y compris dans les pays très nordiques. Aucun cas de collision avec une baleine n'a jamais été signalé, du moins par un conducteur à jeun.

41. Zoologie

> « Gers : soixante pintades meurent paniquées par un survol d'hélicoptères de combat. »
>
> France 3 Midi-Pyrénées

C'ÉTAIT dans le village de Mormès, entre Auch et Mont-de-Marsan. Les hélicoptères venaient de la base de Pau. Ils n'ont pas eu à tirer le moindre missile puisque le bruit seul a suffi à neutraliser l'ennemi. Les pintades, effrayées, se sont ruées contre le grillage où beaucoup ont péri étouffées. L'éleveur a porté plainte.

Si un des hélicos avait effectivement balancé un missile, le résultat aurait été à peu près le même dans la population pintadienne. « Delta 12, j'ai un groupe hostile au 310, altitude 0. Demande permission de faire feu. – Roger, Alpha 4. Tir autorisé. – OK. *Laser on*. Missile activé. » Et shhpplafff dans la basse-cour ! C'est vrai que les pintades sont des oiseaux plutôt patibulaires, quoique généralement paisibles quand nul ne les embête. Jules Renard en parlait, si l'on en croit Wikipédia, comme des « bossues de la cour au crâne chauve et à la queue basse [qui] ne rêvent que plaies à cause de leur bosse ». Comment ne pas faire feu après ça ? « Delta 12, cible traitée. *All clear, over.* » Évidemment, un tel nettoyage de basse-cour aurait fait dans les médias un peu plus qu'un simple fait divers, et il n'aurait pas été nécessaire d'attendre la trentième minute du JT du soir pour en entendre parler.

Pau héberge le 5e régiment d'hélicoptères de combat qui, si nos informations sont exactes, exploite des engins performants : seize hélicoptères légers Gazelle, douze hélicoptères nouvelle génération Tigre, seize hélicoptères de manœuvre Puma et deux Cougar rénovés, ainsi que des radars mobiles équipés du système polyvalent d'atterrissage, de recueil de télécommunication et d'identification de l'altitude (SPARTIATE) pour guider les atterrissages en tout temps à partir de 40 kilomètres. On ne sait si ce sont les Tigre ou les Puma qui ont mortellement effrayé les pintades, mais de toute évidence la basse-cour était mal équipée pour affronter un tel déploiement.

L'affaire nous en rappelle une autre, évoquée dans un ouvrage précédent. Il y a quelques années, des chercheurs britanniques firent survoler par des hélicoptères militaires une paisible colonie de manchots à Antarctic Bay, sur l'île de Géorgie du Sud. Objectif : observer le comportement des animaux face au bruit des aéronefs. Durant la guerre des Malouines, des pilotes anglais avaient en effet observé – ou cru observer – que des manchots tombaient à la renverse lorsque leurs avions les survolaient. Il leur semblait que les oiseaux sans ailes, fort curieux, levaient la tête et regardaient les engins passer au-dessus d'eux… jusqu'à basculer sur le dos. Au terme de cinq semaines d'expériences et de dix-sept survols à différentes altitudes, les scientifiques ont pu rassurer tout le monde : aucune chute de manchot n'avait été enregistrée. Les animaux devenaient silencieux à l'approche de l'hélicoptère, ils s'intéressaient à cette chose bruyante. Certains d'entre eux se carapataient, car on ne sait jamais, mais les autres regardaient puis reprenaient leurs occupations polaires comme si de rien n'était.

Cela ne laisse guère que deux options : soit le 5e régiment d'hélicoptères de combat s'en va prendre ses quartiers en terre Adélie, soit les Gersois se reconvertissent dans l'élevage de manchots.

42. Technologie

« Elle fonce dans la vitrine de l'auto-école lors de son examen de conduite. »

KomoNews

Ce dramatique échec s'est produit à Bellevue, dans l'État de Washington (États-Unis). La candidate âgée de vingt ans était bien partie pour obtenir son permis de conduire mais, de retour de l'examen, elle aurait confondu pédales d'accélérateur et de frein au moment de garer le véhicule, si bien qu'elle a expédié ce dernier dans la devanture de l'auto-école. L'erreur a été éliminatoire mais il n'y a pas eu de blessés.

Chaque année en France, des dizaines de véhicules finissent leur course dans une vitrine. Ces invasions inopinées touchent les commerces les plus divers : pizzerias, bureaux de tabac, boucheries, cafés, agences immobilières, magasins de sport, boulangeries, salons de coiffure, pour ne citer que quelques exemples parmi les plus récents. Cette appétence des voitures pour les vitrines est un phénomène qui reste étrangement peu exploré par la recherche scientifique. Bien sûr, le fait que la plupart des boutiques sont situées sur le bord d'une rue ou d'une route, conjugué à cet autre fait que les conducteurs ivres ou simplement distraits sont légion, pourrait suffire à expliquer ces fracassantes intrusions. Mais l'histoire des sciences est jalonnée d'évidences qui se sont révélées *in fine* de fausses pistes. Il faut donc chercher d'autres causes à ces incidents sans exclure aucune hypothèse car il est urgent de faire baisser le chiffre d'affaires de la vitrerie-miroiterie dont la progression exponentielle inquiète jusqu'aux pouvoirs publics. Par ailleurs, il pourrait y avoir un jour des victimes.

Éliminons d'abord les faux positifs. Les autos qui se garent dans les agences bancaires au milieu de clients affolés sont en général des voitures-béliers. Leurs conducteurs sont moins pressés de trouver une place de parking que de se remplir les poches sans avoir à faire la queue devant un bête distributeur automatique de billets. Les véhicules qui entrent dans les concessions automobiles sans passer par la porte ont des propriétaires mécontents qui, comme les saumons, reviennent là où les ennuis ont commencé. Celles, enfin, qui jaillissent dans les cabinets d'assurances sont les vecteurs de constats d'accident ne nécessitant pas de passer par une pesante paperasserie, ce qui peut être un motif suffisant de collision.

La plupart des autres cas pourraient bien relever d'une sorte d'expression brutale de l'inconscient de la technique. Cette piste, assez ellulienne dans le fond, est fondée sur deux constats : d'une part, l'automobile est une arme par destination dont la puissance a besoin de se libérer de manière récurrente. D'autre part la vitrine est, de façon constitutive, une victime dont la fragilité fonde l'existence même. La rencontre de ces deux aspirations, pour ne pas dire de ces deux destins, semble dès lors inévitable.

Certes, cette hypothèse fait l'impasse sur le facteur humain, mais il est important de noter que les conducteurs sont les premiers surpris de voir leur véhicule entrer dans un magasin sans crier gare, de surcroît un magasin qu'ils n'avaient pas l'intention de visiter n'ayant sur le moment besoin ni d'un article de parfumerie ni d'une choucroute. Le projectile et la cible, par contre, affichent des rictus cabossés où il n'est pas difficile de lire une certaine ironie. On en conclura avec Jacques Ellul que, aussi longtemps que l'on n'aura pas étudié le phénomène technique en dehors de ses implications économiques et des problèmes de système économique ou de lutte de classe, on se condamne à ne rien comprendre de la société contemporaine et des bris de vitrine (in *Le Système technicien*).

Le cas de la jeune candidate au permis de conduire échappe toutefois à cette approche technico-analytique car il relève clairement d'un phénomène bien connu des sportifs : la peur de gagner.

43. Sciences politiques

« Il fait un selfie un revolver à la main et se tue accidentellement. »

Skagit Valley Herald

Ce n'est pas que cet homme ait pris son revolver pour un smartphone, et inversement. Non, il avait le premier dans une main et le second dans l'autre, les deux braqués sur sa tête. Il a déclenché les deux simultanément, ignorant que l'arme était chargée. Résultat : un mort et une photo d'un goût douteux. Cette mauvaise plaisanterie a eu lieu aux États-Unis, dans l'État de Washington, mais ce n'était pas la première du genre puisque, quelques mois plus tôt, un jeune Texan s'était tué exactement de la même manière.

L'autoportrait mortel n'est cependant pas une spécialité américaine mais indienne. Le *Washington Post* nous apprend en effet que c'est en Inde que l'on se tue le plus en se photographiant. Car, oui, sur les vingt-sept selfies mortels recensés sur la planète en 2015, plus de la moitié ont été réalisés dans ce pays, et ce dans les circonstances les plus diverses : sur des escaliers escarpés du Taj Mahal, trop près d'un ravin, sur un bateau très instable, sur les berges glissantes d'un canal, etc. Évidemment cela intrigue : à quoi l'Inde doit-elle cette première place au hit-parade de l'autolyse narcissique ? Eh bien il n'est pas impossible que le Premier ministre Narendra Modi y soit pour quelque chose car cet homme se trouve être un dingue de selfies, il en fait comme il respire, et ses concitoyens ont pu être contaminés par cet enthousiasme. Son cliché le plus fameux est celui où il sourit à son smartphone en compagnie du Premier ministre chinois Li Keqiang, en mai 2015. Le *Wall Street Journal* a qualifié l'image de « selfie le plus puissant de l'histoire » dans la mesure où il réunissait les dirigeants de deux pays comptant pour plus du tiers de la population du globe, avec des économies à l'avenant. La géopolitique du selfie, voilà une piste de recherche intéressante pour les sciences politiques. Ou pour la philosophie : je suis avec X, donc je suis. À noter que pour Li Keqiang, dont le pays censure les messages de Twitter, ce selfie était une première. Quand le Premier ministre chinois s'achètera une perche à selfie, nul doute que l'*International Political Science Review* redoublera d'attention sur son cas.

Les selfies spectaculaires de Narendra Modi lui ont permis de faire un carton sur Twitter : 18 millions d'abonnés, soit presque autant que Kanye West (Barack Obama fut le seul homme politique à faire mieux, avec 70 millions de followers). L'inclination du Premier ministre indien pour la photo à bout de bras a fait l'objet de débats jusqu'au Parlement, où un représentant de l'opposition s'est étranglé : « Il n'y a rien de répréhensible à faire des selfies avec les chefs d'État, mais le Premier ministre devrait songer à en faire aussi avec les agriculteurs en détresse. » Il faudra toutefois éviter que ces derniers aient une arme à la main au moment où le petit oiseau sortira.

Le président François Hollande (un maigre million et demi d'abonnés sur Twitter) a été nettement moins à l'aise dans l'art du selfie. Quand il apparaissait sur l'un d'eux, il donnait toujours l'impression de s'être incrusté dans la séance de pose. Son sourire semblait sortir d'une boîte de Meccano, et ses compagnons de selfie n'étaient pas toujours tendres : le plus cocasse de ces clichés, fait en Suisse, le montrait avec un type qui faisait un doigt d'honneur. Quand ça veut pas… Marine Le Pen, elle, pratique le selfie avec plus de circonspection, veillant à n'apparaître qu'avec des jeunes et des représentants des minorités. Et si les futures élections présidentielles se jouaient sur quelques selfies ? L'électeur ne croit plus aux promesses, ne lit plus les programmes, a abandonné l'espoir d'un avenir meilleur, mais il aime bien les images quand elles sont drôles.

44. Zoologie

« Un python meurt après avoir avalé un porc-épic. »

MetroNews

CE REPAS PÉNIBLE a eu pour cadre un parc naturel d'Afrique du Sud, sous les yeux de visiteurs éberlués qui ne mangeront sans doute plus un oursin de leur vie. Le plus étonnant n'est pas que le serpent ait avalé un porc-épic de 14 kg mais qu'il en soit mort. Car le reptile en question – un python de Seba – peut mesurer jusqu'à 6 mètres et peser jusqu'à 100 kg, ce qui lui permet d'engloutir sans problème des proies plus grosses, comme des gazelles. En fait, l'affaire a mal tourné parce que l'animal a été stressé par les visiteurs du parc au moment de la digestion. Et quand un serpent est stressé, il régurgite sa proie pour fuir. Problème : vomir un porc-épic à rebrousse-poil (à rebrousse-piquant plus exactement) nuit gravement au tube digestif. L'agonie a duré six jours.

La digestion du serpent est un processus extraordinaire, qui vous rend heureux d'appartenir à l'espèce humaine. *Homo sapiens* aime chipoter de la nourriture bio dans de petites assiettes, il ne lui viendrait pas à l'esprit d'avaler tout rond sa belle-mère. Ni même un porc-épic. Dépourvu de bras, le serpent ne peut, lui, manier ni couteau ni fourchette, il ne dispose pas de la liste des restaurants à la mode et boulotter ses beau-père et belle-mère réunis ne lui poserait aucun problème moral. C'est pourquoi les chercheurs ont publié sur l'activité postprandiale des serpents nombre d'articles fascinants, même si parfois peu digestes. L'un de ceux-ci, signé d'un scientifique brésilien sous le titre « Alimentation épineuse : les serpents prédateurs de porcs-épics », s'est intéressé directement au cas qui nous occupe. On y apprend que les pythons ne sont pas les seuls serpents susceptibles d'engloutir un porc-épic qui viendrait à passer par là : le boa constrictor, en particulier, a également du goût pour cette nourriture épicée et acérée. On y découvre aussi que retrouver de longs piquants dans les excréments d'un serpent est l'un des moyens de s'assurer que l'animal a digéré un porc-épic. Sinon on récupère les grosses épines dans le tube digestif après mort du serpent trop gourmand : le cas n'est pas rare, en fait. Le tout premier témoignage sur ce type de mésaventure est dû à un certain Francis Woolaston qui, depuis Bombay, envoya en 1743 une lettre à la revue *Philosophical Transactions* pour signaler qu'un porc-épic avalé par un serpent (de race inconnue) avait hérissé ses piquants alors qu'il arrivait dans l'estomac du reptile, au point de lui traverser la peau. Cela méritait effectivement d'être signalé.

La légende dit que cet ogre de Victor Hugo mangeait les crabes tout entiers, c'est-à-dire y compris leur carapace. C'est probablement faux, mais comme personne ne s'est donné la peine d'aller fouiller dans les selles du poète, on n'en aura jamais le cœur net. Enfin, cet avertissement à l'attention des aventuriers de l'art contemporain à la recherche d'une performance inédite : avaler un hérisson vivant est passible de six mois d'emprisonnement et 9 000 euros d'amende, car en France l'espèce se trouve être protégée. Cela vaut aussi sans doute pour les porcs-épics.

45. Sciences politiques

« “À quoi sert François Hollande ?” : l’étrange intitulé d’un examen de droit. »

20 Minutes

C’EST JOUR DE PARTIEL de droit constitutionnel à la faculté de la Couronne, à Angoulême en 2015. Deux questions, au choix, sont proposées aux étudiants. La première porte sur le rôle du Conseil constitutionnel dans la formation du bloc de constitutionnalité. Pff… ! La seconde se résume à ces mots : « À quoi sert François Hollande ? » Ainsi posée, la question porte en elle sa réponse (à rien !) tant elle ressemble au titre de couverture d’un hebdomadaire – de droite ou de gauche, peu importe – qui aurait décidé de se farcir méthodiquement le Président en pages intérieures. Cela n’échappe pas aux étudiants : un fou rire général éclate dans l’amphithéâtre. Le type qui surveille l’examen se sent obligé de préciser que le sujet n° 2 nécessite quand même une argumentation. Ce « quand même » est formidable. Ainsi, en tout cas, naît un fait divers.

Après avoir fait rire (un peu jaune) l’amphithéâtre, la question a fait glousser les réseaux sociaux, au point que le doyen de la faculté de Poitiers, dont dépend La

Couronne, a été sommé de répondre aux questions de la presse. L'homme a plaidé une « maladresse de formulation, peut-être une erreur de jeunesse », avant de préciser qu'il n'avait eu aucune plainte de la part des étudiants et que le collègue auteur de cette question facétieuse n'était « pas hostile au Président et se garderait bien de porter quelque jugement que ce soit sur son action ». Pour le doyen, il s'agissait probablement d'« attirer l'intérêt des étudiants [...] et leur montrer que, même si on est dans un cadre particulier, il faut garder un certain sens de l'humour ».

Il faut en conclure que l'humour a consisté ici à reformuler la question classique « Quel est le rôle du président de la République ? » en la tirant vers un ton polémique, une polémique personnalisée. Pourquoi pas, après tout ? N'est-il pas bon que les partiels de droit constitutionnel fassent rire un peu ? Mais, tout de même, nous aimerions savoir si les correcteurs ont fait preuve d'autant d'humour en aval, en appréciant les copies des étudiants à l'aune du clin d'œil qui leur avait été adressé. Car à la question « À quoi sert François Hollande ? », on n'avait évidemment aucune envie de répondre des choses comme : l'article 8 de la Constitution de 1958 donne au président le droit de nommer le Premier ministre, etc. L'envie nous serait plutôt venue de clamer que Hollande a servi à :

- remplacer au pied levé un Dominique Strauss-Kahn qui s'est trouvé momentanément empêché (*exit* le peignoir, bonjour le scooter) ;
- figurer sur quelques centaines de selfies pris par des inconnus, des énervés et des stars de téléréalité, clichés où il est rarement à son avantage ;

– faire passer le goût des anaphores (« Moi Président… ») à deux ou trois générations d'hommes politiques.

Quelques jours plus tard, François Hollande en personne finit par être interpellé par un journaliste sur la question d'examen sacrilège. Comme si la faculté de la Couronne était subitement devenue le centre du monde. Eh bien le Président en exercice a rétorqué que le sujet proposé aux étudiants « n'était pas une question saugrenue. À quoi sert le président de la République ? Est-ce qu'il est possible encore de changer le destin d'un pays ? C'est ça la question, au-delà de celui qui est aux responsabilités. Est-ce que la politique a encore du pouvoir ? », s'est-il interrogé. Si le Président lui-même se pose la question…

Cela étant dit, il était sans doute moins risqué de tartiner sur le bloc de constitutionnalité.

46. Zoologie

> « 50 000 manchots meurent à cause d'un iceberg. »
>
> *The Sydney Morning Herald*

Le manchot est un oiseau très mal foutu qui ne sait même pas voler. Il eût fait un meilleur poisson puisqu'il est excellent nageur. C'est d'ailleurs sous l'eau que cet animal trouve sa nourriture. Là est le problème : si vous coupez l'accès à la mer à une colonie de manchots, celle-ci va s'étioler. Imaginez par exemple qu'un énorme iceberg vienne se souder à la banquise sur laquelle s'ébattent nos amis : tout à coup le trajet vers le garde-manger va se trouver considérablement allongé. Eh bien c'est précisément ce qui est arrivé à une colonie de Commonwealth Bay (au sud de la Nouvelle-Zélande) lorsque, en 2010, un glaçon de la taille de Rome est venu accoster sous le bec orange et noir des manchots. Soudain il leur a fallu faire soixante kilomètres de plus pour rejoindre l'eau libre. Résultat : les effectifs de la colonie ont dramatiquement fondu, passant en cinq ans de 160 000 à 10 000 individus. Ce qui ne veut pas dire que 150 000 d'entre eux sont morts de faim, comme l'affirme un peu rapidement *The Sydney*

Morning Herald, mais que les oiseaux sans ailes ont dû aller voir ailleurs, tout simplement. D'ici vingt ans, les pauvres bêtes auront probablement toutes migré, estiment les chercheurs qui ont rapporté la nouvelle dans la revue *Antarctic Science*.

Il y a un siècle, un tel remue-ménage polaire nous aurait laissés complètement froids. À l'époque, on zigouillait volontiers les manchots pour en tirer de l'huile, et il n'était pas rare que plusieurs milliers d'entre eux passassent dans le chaudron en une seule journée. Aujourd'hui, c'est différent : après avoir surexploité les ressources naturelles, l'humanité creuse un gisement sans fond qui s'appelle culpabilité, et il ne lui a pas échappé que les icebergs baladeurs étaient un sous-produit du réchauffement climatique qui lui-même nous est imputable. La question est donc : on fait quoi maintenant pour les pauvres manchots qui ne savent plus où nicher ? Déplacer l'énorme iceberg n'est guère envisageable, au moins d'un point de vue technique. Alors faut-il dépêcher une cellule psychologique en Antarctique ? Envoyer Bernard-Henri Lévy ? Élever d'ores et déjà un mémorial ?

Non, finalement il y a plus opportun : recycler Laurent « COP21 » Fabius dans le sauvetage des manchots prisonniers des glaces ! « Bien sûr, déclarera l'ancien ministre des Affaires étrangères aux populations antarctiques, tout ne se résoudra pas à Paris, mais on ne résoudra rien sans Paris. En cet instant, chers amis du Grand Sud, j'ai dans ma mémoire et dans le cœur les récits et les visages que j'ai croisés tous ces derniers mois en préparant la COP. Je me rappelle, au Bangladesh, cette femme âgée qui était très fatiguée et très digne, qui avait dû déménager neuf fois à cause des inondations, et qui m'a demandé si la COP21 allait changer cela », etc. Les manchots écouteront attentivement, demanderont des explications sur tel ou tel point (le Bangladesh ? la COP combien ?), exigeront de savoir si la hausse du niveau des mers peut leur laisser espérer un avenir meilleur, quémanderont des cartes postales avec la tour Eiffel dessus.

Fabius continuera, la main sur le cœur, le regard embrumé : « Frères manchots, je me rappelle au Grand Nord cet ingénieur qui m'a montré les écroulements apocalyptiques de la banquise et leurs conséquences ; à Cochabamba, ce paysan bolivien pleurant les dégâts entraînés par le non-respect de la Terre Mère et qui espère pouvoir nous faire confiance. » Le chef des manchots lèvera son moignon d'aile pour demander : « Dis donc Laurent, tu nous aurais pas amené à bouffer, des fois ? »

47. Neurologie

> « Après une opération chirurgicale, un Italien se réveille en parlant français. »
>
> *L'Express*

ALORS QU'IL N'AVAIT plus pratiqué le français depuis l'école, un Italien de cinquante ans ne parle plus que cette langue. Il s'est retrouvé dans ce terrible état après une opération au cerveau. Son cas a fait l'objet d'une étude publiée dans la revue *Cortex* où l'on découvre que l'homme parle un français très approximatif mais « avec un rythme rapide, en employant une intonation exagérée et en utilisant une prosodie de film faisant de lui la caricature d'un Français ». Tous les matins, au réveil, l'homme crie « Bonjour ! » en ouvrant joyeusement les volets et se met à débiter des phrases dans la langue de Molière et Houellebecq devant sa famille désemparée. Cela peut sembler drôle vu de loin, mais les proches doivent en baver. Et puis imaginez que, Français, vous vous réveilliez un matin en parlant un russe exécrable, avec une bouteille de vodka à la main et une gueule de bois vraiment exotique.

Cet Italien serait victime du syndrome de la langue étrangère. À ne pas confondre avec le syndrome de l'accent étranger, un peu plus fréquent. Un soir, une Anglaise de Gloucester part au lit avec un violent mal de tête et le lendemain, à l'heure du petit-déjeuner, elle parle avec un accent français très prononcé. Une autre Anglaise, du Devon celle-là, s'est réveillée avec un accent chinois. Cas spectaculaires mais loin d'être uniques : depuis les années 1940, les chercheurs ont en effet recensé une soixantaine de mésaventures similaires, Américaine qui, du jour au lendemain, se met à parler avec un accent chinois, Norvégienne qui cause soudain norvégien comme une Allemande, Australienne qui passe pour une Croate après un accident de voiture.

Ce syndrome, désormais bien documenté, est généralement consécutif à un accident vasculaire cérébral, une opération ou un traumatisme crânien. Il s'agit vraisemblablement d'une lésion de la zone du cerveau qui contrôle le langage. Cette lésion induit des troubles spécifiques de l'élocution que l'auditeur interprète comme étant un accent étranger. Les mécanismes en restent mystérieux.

Depuis qu'on la prend dans son pays pour une Française, l'Anglaise de Gloucester a fait quantité de découvertes. D'abord que le *frenchie* n'est pas nécessairement le bienvenu outre-Manche. « Certaines personnes deviennent impatientes avec vous, plus sèches ; même leur langage corporel se modifie face à vous », a-t-elle témoigné. Chez quelques-uns, les réactions sont ouvertement xénophobes. Mais, pour bien mesurer l'ampleur du préjudice subi par la Britannique, il faut savoir que cette passionnée de foot a dû traverser toute la Coupe du monde 2010 avec l'accent d'un peuple qui traînait sa honte comme une croix (souvenez-vous de cette piteuse « grève » en Afrique du Sud).

Heureusement pour elle, son défaut d'élocution s'était quelque peu estompé lors de l'Euro 2016.

Avoir l'accent français quand on est français est un moindre mal. Le cas est courant, sauf chez ceux qui sont atteints du syndrome de l'accent étranger. Mais ces derniers sont extrêmement peu nombreux dans notre pays. Nul au foot, pas doué pour les langues, incapable de prendre un accent étranger même après une chute du troisième étage, le Français est risible. Petite consolation : c'est un gars bien de chez nous, le neurologue Pierre Marie, qui a documenté le premier cas en 1907 dans un article titré « Présentation de malades atteints d'anarthrie par lésion de l'hémisphère gauche du cerveau ». Pour ceux qui ont raté ce numéro de *Bulletins et mémoires de la Société médicale des hôpitaux de Paris*, rappelons que l'anarthrie est l'impossibilité d'articuler correctement les sons.

On ne connaît pas de Français qui ait chopé instantanément l'accent belge, mais c'est un Belge, le poète Max Elskamp, qui, après la Grande Guerre, a écrit cette belle chose :

> En ce pays qui nous fut lent
> D'accueil, de visage et d'accent
> En ce pays très étranger
> Où nous n'avons pas su aimer […]
> On a vécu comme des frères
> Pendant les mois de cette guerre.

(*In memoriam*)

48. Zoologie

« Mystérieux vols de pétards antitaupes dans le Rhône. »

Le Parisien

En quelques semaines, dans la région de Lyon, une vingtaine de magasins d'une chaîne spécialisée dans le jardinage se sont vus délestés de dispositifs antitaupes à base de pétards. Au total, une centaine de boîtes contenant chacune vingt pétards ont ainsi mystérieusement disparu. Dangereux maniaque ? Offensive antitaupe d'envergure menée par quelque propriétaire désargenté d'un vaste parc infesté de galeries et de taupinières ? Opération préventive des taupes elles-mêmes ? Terroristes en manque de détonateurs (ces pétards ne peuvent guère servir à autre chose) ?

La police judiciaire, en charge de l'affaire, est pour l'heure réduite à quia mais évidemment c'est la piste terroriste qui l'inquiète le plus, même s'il paraît difficile de faire exploser la tour Part-Dieu avec ce genre de matériel. En effet ces dispositifs, qui servent à faire sauter les taupinières et avec un peu de chance les taupes qui s'y trouvent, ne contiennent qu'une infime quantité de matière explosive : au mieux, le ou les auteurs des faits ont pu récupérer 800 grammes de perchlorate de potassium.

En fait, il y a plus embêtant : ces pétards ont été soustraits à la lutte antitaupe, or, de tous les combats, celui-ci est peut-être le plus incertain. Quiconque a vu un jour s'élever un monticule de terre sur sa pelouse manucurée sait que cette guerre est longue et âpre. D'ailleurs, elle se termine souvent faute de combattants, l'un ou l'autre des camps finissant par déserter lassé des manœuvres tordues de l'adversaire. Car il y a mille manières de chasser les taupes, toutes à peu près aussi inefficaces : pièges, poison, tessons de verre, branches de merisier, fumigènes, pétrole, gaz d'échappement (on relie le pot à l'entrée d'une galerie via un tuyau d'arrosage), magie noire, excavation du terrain. L'arme nucléaire est un recours ultime qui, à notre connaissance, n'a jamais été utilisé, et ce n'est pourtant pas faute d'y avoir pensé.

La taupe (*Talpa europaea* chez nous) est un petit mammifère fouisseur assez mignon et sympathique, du moins tant que ses dégâts restent circonscrits au jardin du voisin. En plus il est robuste : certaines espèces, comme le rat-taupe sans poil, vivent en moyenne trente-cinq ans, soit dix fois plus longtemps que tout autre mammifère de taille équivalente (ça ne fait pas nos affaires). Et par-dessus tout, le rat-taupe ne développe jamais de cancer car cet animal produit une molécule particulière, l'acide hyaluronique, qui protège les cellules de la formation de tumeurs. Autant dire que le rat-taupe a dans son sac plus d'un tour qui pourrait être utile à l'humanité, celle-là même qui cherche à le détruire par tous les moyens et, fort heureusement, n'y parvient que médiocrement.

Pas étonnant qu'en 2013 le rat-taupe nu ait été sacré « Vertébré de l'année » par la revue *Scientific American*. Voilà une distinction que lorgnerait en vain le jardinier fébrile bardé de pétards antitaupes.

D'où l'on induira que les multiples vols constatés dans les magasins de jardinage pourraient bien être l'œuvre de gens soucieux de préserver les vies de nos précieux alliés souterrains. Ou alors c'est que les terroristes en sont réduits à bricoler avec de vagues pétards, ce qui ne serait pas une mauvaise nouvelle non plus.

49. Sociologie

« Il oublie sa femme à la station-service et ne s'en aperçoit qu'après 100 kilomètres. »

The Daily Telegraph

On peut oublier quantité de choses près d'une pompe à essence ou sur une aire d'autoroute : ses enfants, sa femme, son mari, son chien, son portefeuille, sa tête (rarement sa voiture). L'incident n'est pas rare, si bien qu'il est peut-être déjà possible d'esquisser une typologie de l'oubli routier en compilant les divers chiffres qui sont à notre disposition. Au bout de combien de temps en moyenne, au bout de combien de kilomètres parcourus à vive allure se rend-on compte que quelqu'un manque dans la voiture ? Y a-t-il un record attesté par le *Guinness Book* ? Quelle marque de voiture, quelle couleur, quelle météo ce jour-là ? Plus intéressant encore : quelles furent les réactions des « oubliés » au retour du conducteur ? Dans le cas évoqué ci-dessus, qui a eu pour cadre une route sud-américaine, la femme a accueilli son mari de retour en flanquant de grands coups de pied dans la carrosserie. De toute évidence, elle n'était pas contente : a-t-elle pensé que son époux l'avait plantée là sciemment, ou exprimait-elle son exaspération face à un homme terriblement distrait ?

Selon le *Daily Telegraph*, le couple d'Argentins et leur fils de quatorze ans rentraient de leurs vacances au Brésil lorsqu'il fallut, forcément, s'arrêter à une station-service pour faire le plein, et un peu de vide par la même occasion. Lors de la halte, la femme était endormie sur la banquette arrière. L'homme est allé aux toilettes, est revenu, a repris la route, c'est aussi simple que cela. Sauf qu'entretemps madame était partie acheter des gâteaux et que monsieur ne s'en est pas rendu compte. Ni le gamin d'ailleurs, assis à l'avant et plongé dans son portable ou une console de jeux, on ne sait. Ce n'est que 100 kilomètres plus loin que, se retournant, l'un des deux occupants des sièges avant s'est aperçu que le siège arrière était vide de toute présence humaine. D'où vives exclamations dans l'habitacle : « *¿ Dónde está mamá ?* », ou peut-être : « *Mierda, hemos perdido a tu madre !* ». Enfin sûrement quelque chose dans ce goût-là. D'où brusque arrêt, demi-tour, arrivée en trombe à la station deux heures plus tard et coups de pied furieux dans la voiture accompagnés d'un éventuel « *Me cago en la puta madre que te parió, cabrón !* ».

Ce beau fait divers sans sang, ni sexe, ni violences – tout juste quelques bosses et éraflures – a rapidement fait le tour du monde, probablement parce qu'il encapsulait en peu de mots les difficultés de la vie de couple et que 100 kilomètres, c'est tout de même une belle distance. Faut-il y voir une mesure du désamour ? L'intensité du lien conjugal est-elle inversement proportionnelle au temps (multiplié par la vitesse du véhicule) que l'on met pour se rendre compte que l'autre est resté comme un idiot sur le bord de la route ? Nous ne le pensons pas. À preuve, ce jeune marié allemand qui, il y a quelques années, a oublié son épouse dans une station-service au retour de leur voyage de noces. Les causes furent exactement les mêmes : après avoir fait le plein de carburant, l'homme a repris la route, persuadé que l'amour de sa vie somnolait sur la banquette arrière. Les banquettes arrière sont décidément l'antichambre du néant. Il a fallu cette fois au jeune marié 200 kilomètres pour prendre conscience que sa moitié était restée scotchée près de la pompe à essence.

L'autre point commun de ces deux affaires est que le conducteur a fini par revenir : tout n'était donc pas fini pour le couple. Ou alors c'est que l'homme trouvait que la plaisanterie avait assez duré. Par contre, dans un nombre non négligeable de cas dûment rapportés par les colonnes de faits divers, l'homme (ou la femme) ne repasse jamais récupérer sa moitié. Il est alors plus opportun de parler de fuite que d'oubli.

50. Médecine légale

> « Une adolescente déclarée morte se réveille dans son cercueil et meurt étouffée. »
>
> *The Mirror*

CETTE RÉSURRECTION manquée a eu lieu au Honduras. La jeune femme venait de se marier, un malaise l'avait expédiée au cimetière. Alors qu'il se recueillait devant la tombe, le mari a entendu de drôles de bruits. Le temps d'ouvrir, la jeune fille était déjà repartie de l'autre côté des ténèbres, faute d'oxygène. Come-back dramatiquement raté, unique en son genre, dont une vidéo circule sur le Web.

Il n'est pas si rare que des gens vivants se retrouvent coincés entre quatre planches. Cela arrive à tout âge et dans tous les pays, comme le prouvent quelques cas très récents. Aux Philippines, une fillette de trois ans victime d'une forte fièvre s'est réveillée pendant ses funérailles. En Chine, c'est une grand-mère de quatre-vingt-quinze ans, déclarée morte après une chute, qui s'est extraite de son cercueil entreposé dans le salon familial. Au Brésil, une femme de quatre-vingt-huit ans qui avait atterri chez les croque-morts après des problèmes vasculaires a repris vie inopinément dans le salon funéraire. Aux États-Unis, un homme de soixante-dix-huit ans a ouvert les yeux dans une housse mortuaire aux pompes funèbres, peu après avoir été déclaré mort par un médecin légiste. À chaque fois, ébahissement des témoins, moment de solitude pour le praticien qui avait signé l'acte de décès. Et, pour les intéressés, début des prolongations.

De ces séjours dans l'au-delà, les ressuscités rapportent divers souvenirs ou images (le fameux tunnel lumineux, les petits oiseaux qui chantent, un défunt parent qui vous renvoie dans le monde des vivants en disant « non, mon gars, ton tour n'est pas venu » ou autres propos de circonstance) qui font le bonheur des amateurs de paranormal mais aussi celui des chercheurs. Car les phénomènes de mort imminente – *near death experiences* en anglais – ont été auscultés dans des dizaines d'articles scientifiques sous tous les angles possibles : neurologie, psychiatrie, sociologie, biochimie, médecine d'urgence et l'on en passe. Cette abondante littérature ne converge que sur un point : le cerveau semble survivre à l'arrêt du cœur plus longtemps qu'on ne le pensait, soit grosso modo une trentaine de secondes.

Ceux qui meurent ont ainsi droit à un rab de souvenirs, qu'ils reviennent rarement nous faire partager. Des chercheurs anglais se sont penchés sur plus d'une centaine de cas de morts imminentes après arrêt cardiaque, analysant en particulier celui d'un homme de cinquante-sept ans qui affirme être sorti de son corps en cours de réanimation et avoir observé la scène depuis le plafond. Ce mort vivant a pu décrire de façon précise les faits, dires et gestes de l'équipe médicale, témoignage en tous points corroboré par celle-ci. Son rapport d'outre-tombe a permis d'évaluer à près de trois minutes la durée du phénomène de sortie de corps. C'est désormais le nouveau délai minimum à respecter avant de se mettre à sortir des blagues vaseuses au-dessus d'un corps sans vie.

La jeune mariée du Honduras aurait sans doute eu beaucoup à nous raconter. Mais elle n'a pas eu la chance d'Uma Thurman qui, dans le *Kill Bill 2* de Quentin Tarantino, réussit à s'extraire de son cercueil à coups de karaté, scène d'anthologie s'il en est. Attention, ce genre d'exploit ne se produit qu'au cinéma. Étrangement, le personnage incarné par Thurman avait pour nom… la Mariée.

51. Psychiatrie

> « Un acteur japonais tué d'un coup de sabre en pleine répétition. »
>
> Kyodo News

L'AFFAIRE N'AURAIT sans doute pas fait autant de bruit autour de la planète si, quelques jours auparavant lors d'une représentation théâtrale à Pise, un acteur italien n'était mort lors d'une fausse scène de pendaison qui s'est terminée par une vraie strangulation. Loi des séries ? Ce genre d'accidents frappe l'opinion car les morts non simulées surgissant dans le cadre de spectacles nous font pénétrer dans une zone trouble où s'ébattent de concert Éros, Thanatos et Dionysos. Le cinéma a beau nous gaver de meurtres et d'accidents mortels avec un réalisme de plus en plus troublant, la représentation au cinéma ou à la télévision de décès réels reste un tabou absolu. On ne va tout de même pas occire des acteurs pour le plaisir du spectateur ou pour hisser l'art à une altitude inédite !

L'auteur doit confesser ici qu'il est hanté depuis des années par une courte séquence d'un documentaire qui montrait un artiste plasticien réunir quelques amis dans un appartement haut perché de Manhattan, puis se livrer à une « performance » ahurissante : le type courait soudain vers la fenêtre et se jetait dans le vide. La défenestration comme acte artistique ! Le suicide comme nouvelle frontière de l'art ! L'exhibition de la mort comme moment culturel ! Je regardais ce soir-là la télé d'un œil distrait sans trop me soucier de savoir s'il s'agissait d'un « docufiction » ou de la réalité. Un épouvantable malaise m'a saisi immédiatement après car, du fait de mon inattention, je n'ai su quel statut donner à ces images. Il faudrait ne regarder que des dessins animés.

Je n'ai pas cherché à en savoir plus, de peur d'apprendre que cette « performance » avait bien eu lieu. Il y a quelques années, un homme est tombé, ou a sauté, depuis un balcon de la Tate Modern à Londres qui accueillait alors une exposition sur un célèbre performeur. Des passants ont pris des photos, pensant qu'il s'agissait d'un extraordinaire happening : cela prouve bien que le public s'attend à tout des artistes contemporains. Après tout, l'actionnisme viennois était déjà allé très loin. À New York, le néo-Dada Ray Johnson a sauté d'un pont sans qu'on sache si c'était là le couronnement inouï de son œuvre ou le résultat d'un moment de dépression. Le suicide artistique reste un fantasme, et l'on peut gager qu'il le restera encore un certain temps. Quant aux fameux *snuff movies* (montrant des gens tués ou estropiés devant la caméra sans leur consentement, ou pire : avec), ils relèvent assurément de la légende urbaine.

Soit. Mais supposons qu'un « suicide artistique » ait bien lieu un jour quelque part. Cela relèverait-il de la psychopathologie, comme nous sommes fort tentés de le penser, ou bien de la création poussée à ses ultimes limites ? Les revues de psychiatrie mentionnent plusieurs cas de suicides de personnes en état de grande euphorie, mais on ne recense pas d'artistes majeurs parmi elles. Les plus cyniques estimeront nécessaire qu'un jour un performeur se balance par la fenêtre pour de bon, comme cela ce serait fait une bonne fois pour toutes. Oui mais : après la première défenestration comme acte esthétique suprême, un autre artiste (pas le même évidemment) ne sera-t-il pas tenté de repousser encore les limites en procédant à la première auto-éventration à la scie circulaire à lames multiples ?

52. Médecine légale

> « Sicile : ils tuent leur victime avec une motte de beurre. »
>
> *Le Parisien*

UN COUPLE de Siciliens a étouffé un homme en lui enfonçant une motte de beurre dans la gorge. C'était un règlement de comptes familial près d'Agrigente. Crime presque parfait : quand la police est arrivée, le beurre avait fondu, l'arme avait donc disparu. Mais crime pas totalement parfait, sinon nous n'en parlerions pas ici. Les pandores, qui ne sont tout de même pas si bêtes, ont flairé l'affaire louche et le beurre rance. Dans le sud de l'Italie, où les affaires de « famille » tournent vite au carnage, les enquêteurs en voient de toutes les couleurs : il est avéré que la mafia a fait faire des progrès considérables à la médecine légale.

Ce n'est pas tous les jours qu'on assassine au beurre. Mais cela arrive de temps en temps. Les lecteurs attentifs des *Archiv für Kriminologie* se souviennent en effet qu'en 2008, des légistes de Hanovre, en Allemagne, ont rapporté un cas d'intoxication mortelle dû à de l'arsenic mélangé à du beurre. Ce meurtre avait été commis par une femme qui s'était livrée, sans succès jusque-là, à diverses tentatives d'empoisonnement avant de trouver le bon cocktail. Sa victime, allemande, était probablement moins regardante sur le goût du beurre que sur celui de la bière, si l'on veut bien prêter quelque valeur aux stéréotypes. De ce point de vue, les choses sont bien différentes en Italie, où l'on ne fait pas n'importe quoi avec les pâtes, le vin et les produits laitiers. Une pizza à l'arsenic serait immédiatement renvoyée en cuisine. Un beurre à la strychnine révolterait les papilles. Au sud des Alpes, empoisonnez plutôt la choucroute.

Le beurre est obtenu en battant la crème du lait. Comptez 20 litres de lait entier pour 1 kg de beurre. Pour un assassinat, une plaquette de 250 grammes est amplement suffisante, à condition de l'enfoncer profondément dans la gorge. Froid, le beurre s'étale mal mais se marie bien avec le pain, d'où son utilisation sur les tartines. Fondu, il peut servir à faire rissoler des patates. Le beurre devenant liquide à une température proche de 30 °C et la température du corps humain étant de 37 °C, il est légitime de dire qu'il « fond dans la bouche ». Cette liquéfaction prend cependant un certain temps, toujours supérieur à celui de l'asphyxie et généralement inférieur à la vitesse de réaction des carabiniers, surtout si ceux-ci sont prévenus tardivement. Au-delà de 130 °C, des composés toxiques se forment et le beurre fume.

Il est tout à fait possible de se suicider avec du beurre, c'est même un exploit assez courant. Il est plus rare d'être victime d'un rouleau de ruban adhésif, mais la chose s'est vue. Il y a une dizaine d'années, un homme de soixante-six ans a été retrouvé asphyxié pour des raisons évidentes : il avait autour de la tête deux morceaux de ruban adhésif si longs que le premier avait permis de faire six tours, le second neuf. Bizarrement, la police italienne – car cette autre affaire s'est déroulée dans les Pouilles – a conclu à un suicide. S'ils avaient trouvé un peu de beurre dans la bouche de la victime, les enquêteurs auraient sans doute suspecté un meurtre.

53. Zoologie

> « Une vidéo montrant Jésus couvert de fourmis retirée d'une exposition après une plainte de la Ligue catholique. »
>
> *The Washington Post*

PARCE QU'ELLE incluait une séquence de onze secondes où l'on voyait des fourmis courir sur un crucifix, la vidéo d'un artiste américain a été retirée d'une expo à la National Portrait Gallery de Washington, sous la pression d'organisations catholiques. En particulier, la Ligue catholique américaine a estimé que « montrer de grosses fourmis se nourrissant du corps de Jésus sur un crucifix » constituait un « discours de haine ». L'intention de l'artiste, David Wojnarowicz (décédé en 1992), était pourtant fort différente puisque son film était un hommage à son compagnon, mort du sida cinq ans avant lui, où les insectes incarnaient la maladie rongeant son corps. Le musée de Washington s'est refusé à trancher quant aux interprétations et a tout bonnement débranché la vidéo. Il est vrai que la Ligue catholique, pas totalement sûre d'arriver à ses fins en invoquant le seul corps du Christ, avait avancé cet argument massue : « Qu'ils invitent la prochaine fois un artiste à mettre des insectes sur une image de Mahomet et qu'ils expliquent aux musulmans qu'il ne s'agit pas de les offenser. »

La fourmi n'a pas bonne presse, c'est un fait. Bien avant l'invention de la vidéo, Jean de La Fontaine ne montrait pas cet insecte sous son meilleur jour : la fourmi n'est pas prêteuse, c'est là son moindre défaut. Couvrir le crucifix de cigales aurait-il permis à l'œuvre de Wojnarowicz d'échapper aux foudres des organisations religieuses ? Pas sûr : la cigale n'est pas non plus un modèle de vertu, chantant beaucoup, stockant peu. Quant à imaginer cet homoptère hétérométabole trottant sur la barbe du Prophète…

Puis vint H. G. Wells et son *Royaume des fourmis*, nouvelle de 1905 qui laissait entendre que les formicidés, bien qu'insectes sociaux, avaient une tendance à bouffer tout ce qui se présentait à portée de mandibules. Thèse reprise et amplifiée en 1977 dans *L'Empire des fourmis géantes*, film de Bert I. Gordon qui développe cet admirable synopsis : « Des conducteurs de bulldozers envoyés dans la jungle pour déblayer un terrain marécageux tombent sur des barils de déchets toxiques, auxquels des fourmis viennent goûter. Ces dernières deviennent rapidement aussi grosses que des tigres et attaquent l'équipe. » Les choses s'aggravent encore un peu en 2005 avec la sortie de *L'Attaque des fourmis géantes*, de Fred Olen Ray, où l'insecte ne se nourrit plus de déchets toxiques mais de plutonium, ce qui est autrement embêtant. Mais le résultat est le même : la fourmi dopée a un bel appétit et réclame à être cadrée en SuperCinemascope.

Enfin, la parution dans l'*American Journal of Forensic Medicine & Pathology* de l'article « Lésions *post mortem* de la peau dues aux fourmis : description de trois cas » n'a rien fait pour redresser l'image des formicidés. On y apprend qu'un cadavre livré aux fourmis est parfois dans un état tel que les causes réelles de la mort peuvent être masquées. En cas de crucifixion, cependant, il n'y a guère d'incertitude. Sauf si les fourmis ont aussi bouffé la croix.

54. Exobiologie

> « À La Roche-sur-Yon, il casse des rétroviseurs pour prévenir d'une attaque d'extraterrestres. »
>
> *Ouest France*

DANS LA LONGUE nuit du 28 février au 1er mars 2013, les forces de l'ordre de La Roche-sur-Yon (Vendée) ont interpellé un jeune homme qui venait de casser un nombre considérable de rétroviseurs dans les rues de la ville. Aux représentants de la force publique, l'individu a déclaré avoir commis cet acte pour « signaler que les extraterrestres allaient nous attaquer ». Il a été immédiatement interné.

Il est possible que les extraterrestres aient naguère choisi l'ouest de la France pour débarquer. Possible également que leurs intentions fussent hostiles : les pertes humaines et matérielles auraient été considérables, d'abord sur les côtes, puis dans l'intérieur du pays. Mais détruire des rétroviseurs pour alerter sur l'imminence de cette attaque n'était pas très rationnel car il ne se passe pas une journée en France sans que la presse régionale rapporte le bris d'un ou de plusieurs rétros ici ou là, le plus souvent sous les coups de personnes à la fois ivres et jeunes, deux états qui tendent à se confondre à la nuit tombée dans toutes les régions de ce pays tant est grande la détresse morale de notre jeunesse. Il est peu probable toutefois que ces dégradations soient toutes en rapport avec une prochaine invasion de notre planète, bien que cette hypothèse ne puisse être totalement exclue. Le rétroviseur est une des parties les plus vulnérables de la civilisation humaine. Toute personne parvenue à l'âge de raison peut en détruire un d'un coup de pied, pourvu qu'elle arrive à détendre la jambe à l'horizontale et qu'elle ne soit pas naine. Toute entité non humaine correctement charpentée devrait également y parvenir sans plus de difficulté.

Le rétroviseur extérieur côté conducteur n'est obligatoire en France que depuis le 1er juillet 1972. Bien que non obligatoire côté passager, il est proposé systématiquement par les constructeurs depuis belle lurette. Si bien que l'on peut broyer l'un ou l'autre de ces accessoires, ou bien l'un et l'autre, et même péter le pare-brise pendant qu'on y est. Le prix d'un rétroviseur est généralement le double du chiffre qui nous vient naturellement à l'esprit. Le modèle dont nous avons besoin est rarement immédiatement disponible, il faut repasser dans la semaine. Et pendant ce temps, les extraterrestres se rapprochent dangereusement de notre planète.

Le rétroviseur sera peut-être la première forme de miroir que rencontreront les Martiens. Leur effroi sera grand. Le miroir est en effet un dispositif étonnant qui renvoie à l'envers l'image de ce qui se trouve derrière vous. Si, pour essayer de remettre les choses à l'endroit, les créatures d'une autre galaxie placent un autre miroir devant le miroir (par exemple, le rétro du conducteur devant le rétro du passager), il se produira alors une réflexion en abîme qui sera encore plus effrayante que la réflexion simple. Alors, presque inopinément, commencera la guerre des mondes. La Roche-sur-Yon sera vitrifiée à coups de *pistolaser*, et, bien avant que le soleil ne se soit couché sur Mouilleron-le-Captif et Mouzeuil-Saint-Martin, la Vendée ne sera plus qu'un misérable petit tas de cendres.

55. Cosmologie

> « Pour Stephen Hawking, "le paradis n'existe pas, c'est un conte de fées". »
>
> *The Guardian*

Bien que l'affirmation du cosmologiste anglais, dans une interview donnée en 2011, ne fût pas un scoop, elle fit immédiatement le tour du monde. C'est qu'on ouvre forcément plus grand les oreilles quand la science se met à parler des anges et du paradis. Un peu comme lorsque votre boucher se met à évoquer la théorie de la supergravité maximale à onze dimensions, dite « théorie M », en découpant des steaks.

Les propos exacts du physicien – qu'une dystrophie neuromusculaire oblige à s'exprimer via un traducteur électronique commandé par de légers mouvements de son corps – furent les suivants : « Je considère le cerveau comme un ordinateur qui s'arrête de fonctionner lorsque ses composants tombent en panne. Il n'y a pas de paradis ou d'au-delà pour les ordinateurs hors d'usage. C'est un conte de fées pour les gens qui ont peur de l'obscurité. »

Assimiler le cerveau à un ordinateur est très flatteur pour au moins l'un des deux, mais lequel ? En tout cas, chez Hawking, la non-existence du paradis semble être une conjecture plutôt que l'aboutissement d'un raisonnement logique. Son propos est en effet entièrement assis sur l'hypothèse qu'il n'y a pas de paradis pour les ordinateurs. Ces derniers ont pourtant un enfer : la chambre de ma nièce où deux ordinateurs portables ont déjà rendu l'âme dans des circonstances atroces.

Un peu avant Hawking, Montesquieu s'était exprimé sur la question : « Les hommes sont extrêmement portés à espérer et à craindre, et une religion qui n'aurait ni enfer ni paradis ne saurait guère leur plaire. » Pareil pour les physiciens. Ils n'ont pas d'églises mais aiment à se rassembler autour de grands accélérateurs de particules en priant. Faites que cette sacrée machine nous crache un boson de Higgs sinon on va avoir l'air idiot avec nos théories du Grand Tout, implorent-ils en substance. Rappelons que le boson de Higgs donnerait une masse non nulle à certains bosons de jauge de l'interaction électrofaible.

« Quelle importance y a-t-il à savoir pourquoi nous existons ? », a également demandé le *Guardian* au physicien. Question effroyable quand il faut y répondre succinctement en se trémoussant sur un fauteuil roulant. Stephen Hawking a hasardé un : « L'Univers est gouverné par la science. Mais la science nous dit que nous ne pouvons pas résoudre toutes les équations comme ça, *ex abrupto*. Nous devons appliquer la théorie darwinienne de la sélection naturelle aux sociétés les plus à même de survivre (*sic*). Nous leur assignons une valeur plus élevée. »

Un débat a eu lieu sur le site du *Guardian* pour essayer de déchiffrer ces propos. Meilleure interprétation : de multiples univers sont possibles, et une sorte de sélection nous fait vivre dans celui-ci plutôt que dans n'importe quel autre. Autre interprétation possible : Hawking était très fatigué ce jour-là.

56. Économie

« La photo d'une pomme de terre vendue un million d'euros. »

The Irish Times

En règle générale, les records de vente dans le secteur des arts plastiques sont signalés au sein des rubriques « Culture ». Celui-ci a surgi dans les pages de faits divers. Il est vrai qu'une patate vendue un million d'euros, ça semble relever de la friponnerie. Et il est bien possible que cela en soit une. Le deal a été conclu au domicile parisien du photographe irlandais Kevin Abosch, lors d'un dîner que l'on imagine arrosé. C'est un « homme d'affaires européen » (on n'en sait pas plus) qui, repérant sur un mur le tirage de 162 x 162 cm, s'en est porté acquéreur sans discuter le prix. Pas mécontent de son coup, Abosch en a immédiatement informé *The Irish Times*, lequel a été repris par les grands médias de la planète. Si l'affaire n'est pas un canular (seul le fisc irlandais pourrait éventuellement le dire, l'acquéreur souhaitant rester anonyme), on tient là un beau sujet d'anthropologie.

La photo en question n'a rien d'exceptionnel, la pomme de terre non plus. Il n'y a guère que le prix qui soit hors norme. Quand il photographie les stars (Bob Geldof, Yoko Ono, Aung San Suu Kyi, etc.), Abosch écoule ses tirages pour quelque 500 000 euros. Quand il shoote les tubercules, le prix est multiplié par deux. Cela nous dit probablement quelque chose de l'humanité. Mais quoi ? Version d'Abosch : « Je vois des points communs entre les êtres humains et les pommes de terre qui renseignent sur les relations entre individus au sein de notre espèce. Généralement, la vie d'une pomme de terre est violente et sans histoires. J'utilise la pomme de terre comme vecteur d'une étude ontologique de l'expérience humaine. » Difficile de faire plus fumeux. Pour ce prix-là, Abosch aurait pu se creuser un peu le ciboulot. Dire qu'en tant qu'Irlandais il avait une relation métaphysique et souterraine à la pomme de terre. Que sa photo était à la fois celle d'une planète et d'un embryon, bref une métaphore de la vie dans son essence même. Et puis il aurait pu balancer une bonne grosse citation de Heidegger, genre : « Le monde ne se fonde sur la pomme de terre que dans la mesure où la vérité advient comme le combat original entre éclaircie et réserve. » Mais c'eût été peut-être un peu convenu pour une démarche artistique aussi révolutionnaire.

Aussi sommes-nous allés voir Kevin Abosch dans son atelier parisien du boulevard Saint-Michel pour lui faire de vive voix de meilleures suggestions. « Tu vois, Kevin, il faudrait que tu commences par dire que, si c'est une pomme de terre que Newton avait prise sur la tête, les lois de la physique auraient été radicalement bouleversées. Or, n'est-ce pas à une inversion comparable que tu procèdes en substituant une patate au visage de, disons, Johnny Depp ou Vanessa Redgrave (deux autres de ses modèles) ? Il faudrait que tu fouilles de ce côté-là, Kevin : le maraîchage comme humanisme, le tubercule comme véhicule, la pomme de terre légume de la cabane et du château, enfin ce genre de choses. »

Mais Abosch était en train de travailler, shootant avec application des poireaux pour une nouvelle série jardinière, si bien qu'il a à peine levé la tête. C'est dommage, nous avions aussi plein de choses à lui dire sur les poireaux.

57. Zoologie

« Attaquée par un sanglier alors qu'elle promenait son chien dans un cimetière. »

Göteborgs-Posten

CET INCIDENT a eu lieu en Suède. La victime a déclaré au journal local, le *Göteborgs-Posten* : « Je n'ai jamais couru aussi vite de ma vie. » Cette histoire est édifiante à au moins trois titres. D'abord, il apparaît que le sanglier peut être un excellent stimulant dans diverses disciplines sportives, dont la course à pied : des records devraient être battus. Ensuite nous découvrons que cet animal, au moins en Suède, ne rechigne pas à fréquenter les cimetières : heureusement qu'il ne laboure que les couches superficielles du sol ! Enfin les attaques de sangliers sont devenues dans la presse un sujet récurrent de faits divers, de la Grèce jusqu'à la Suède, contribuant mieux encore que la crise de l'euro à renforcer le sentiment d'unité européenne. L'animal aura bientôt toute sa place sur le drapeau, au milieu des douze étoiles jaunes sur fond bleu.

Le sanglier n'est pas un mauvais bougre, il n'attaque que pour se défendre ou protéger ses petits. *A priori*. Le problème est qu'il se trompe souvent sur nos intentions. Est-ce une agression caractérisée que de promener son chien dans un cimetière ? Ou de scier un arbre ? La revue spécialisée *Wilderness and Environmental Medicine* a publié une très belle communication de médecins turcs détaillant quelques cas étonnants, dont celui d'un bûcheron qui s'est fait agresser un matin alors qu'il abattait tranquillement un arbre à la hache. L'homme s'en est tiré avec une déchirure de 10 centimètres à la fesse, qui a nécessité plusieurs points de suture et une bonne semaine d'antibiotiques. Peut-être le sanglier défendait-il sa forêt. Les auteurs penchent pour une autre explication : l'attaque a eu lieu pendant la saison du rut, entre novembre et janvier. Ah l'amour !

Lorsque, feuilletant *Wilderness and Environmental Medicine*, des médecins indiens sont tombés sur cet article turc et printanier, ils ont immédiatement écrit à la revue. Car ils avaient encore mieux à proposer : l'agression mortelle d'un laboureur, qui rentrait paisiblement chez lui, en fin de journée, lorsqu'un sanglier lui a déboulé dans les fesses. Non content de lui planter ses défenses dans la cuisse, l'animal est immédiatement revenu à la charge, comme c'est souvent le cas. Or, l'homme étant tombé, c'est cette fois son crâne que les défenses ont perforé. La victime, âgée de vingt-six ans, est ainsi devenue la « première personne à décéder de lésions cranio-cérébrales suite à une attaque de sanglier ».

Un cas sans équivalent, du moins dans la presse scientifique. Par contre, le schéma inverse est bien plus fréquent : la mort d'un sanglier suite à une attaque humaine, laquelle est généralement perpétrée par le biais d'un fusil.

La Suédoise attaquée dans un cimetière s'en est tirée avec rien de plus qu'une grosse frayeur et un nouveau record sur le 100 mètres funéraire. On ne sait ce qu'il est advenu du chien. Le sanglier, lui, a été abattu peu après.

58. Médecine légale

> « L'agressé sort un plus gros couteau que son agresseur. »
>
> CNN

D'ABORD, ADMIRONS de ce titre la belle économie de moyens : en quelques mots, nous avons le champ et le contrechamp, le pile et le face ainsi que la monnaie de la pièce. Il est question ici de l'attaque d'une petite épicerie de Fall River dans le Massachusetts, avec défense héroïque de son propriétaire machette en main et fuite piteuse de l'agresseur armé d'un poignard juste un peu plus petit. Ensuite regardons les images, puisque les enregistrements de la vidéosurveillance du magasin sont disponibles en ligne via CNN. Enfin interrogeons-nous sur la scène elle-même, où se trouve résumée toute la misère du monde occidental.

Première constatation : dans un pays où les armes à feu sont facilement disponibles et plutôt bon marché, ni l'agresseur ni l'agressé n'avait apparemment les moyens de se payer un flingue. Heureusement d'ailleurs, car si dans sa course aux armements l'épicier avait défouraillé un fusil d'assaut face au Smith & Wesson du braqueur, l'affaire se serait soldée par un bain de sang. En ce cas, il n'est pas sûr que les bandes de surveillance auraient atterri aussi vite dans les bureaux d'une chaîne d'info en continu. Deuxième observation : bien que les visages soient floutés, il n'est pas difficile de deviner que les protagonistes appartiennent tous deux à des minorités que le bureau du recensement américain qualifierait d'afro-américaine et d'asiatique. Troisième constat : on se bat ici pour trois francs six sous – trois cents dollars exactement, selon les commentaires de CNN. Vu la faiblesse de la somme en jeu, on sent bien que les deux hommes ne sont pas prêts à y laisser leur peau, mais en même temps il est tout aussi patent que l'un n'est pas disposé à laisser filer la recette du jour tandis que l'autre voit déjà derrière les billets quelques sachets de méthamphétamine bienvenus pour finir une semaine de dèche et de désespoir. De fait, bien que le combat soit violent, d'une crudité telle qu'à côté les scènes de duel au couteau des films hollywoodiens font figure d'aimables chorégraphies, aucun des deux hommes n'en sort blessé. Résumons : la scène, pantomime absurde dans les marges d'une société contemporaine mal en point, est à la fois drôle et infiniment triste.

Se fût-elle déroulée en Europe, cette affaire se serait terminée par de sérieuses blessures tant le vieux continent, sevré d'armes à feu, a une meilleure expérience des combats à l'arme blanche et, partant, une plus grande efficacité. Dans les rues sombres de Leeds, de Londres ou de Liverpool, les chances sont faibles d'être victime d'une balle perdue, plus faibles en tout cas que de se faire perforer l'estomac par une lame. Car bon an mal an, on compte quelque 30 000 agressions à l'arme blanche dans la seule Angleterre, 200 d'entre elles se finissant au cimetière. Le côté positif des choses est que la médecine légale européenne, fort bien renseignée, est aujourd'hui capable de produire sur les attaques au couteau et les blessures qu'elles occasionnent des articles plus aiguisés que ceux des confrères américains. Le *Journal of Forensic and Legal Medicine* a récemment publié une étude d'une équipe d'Angers qui s'y interroge sur quatre pages : existe-t-il des différences entre les plaies abdominales auto-infligées et celles qui résultent d'une agression ? Bref, comment, en examinant sur un patient des blessures au couteau ou autre lame, peut-on distinguer un suicide d'un meurtre ? Eh bien c'est simple : on ne peut pas. Seule l'analyse des antécédents du patient et des circonstances du drame – heure, lieu, etc. – permet éventuellement de (pardon) trancher.

Toutefois la vie des médecins légistes n'est pas qu'un long tâtonnement dans l'obscurité pour trouver un chemin vers la vérité. Car parfois les faits parlent d'eux-mêmes : par exemple quand on vous amène un type avec un poignard planté dans le dos et, embrochée entre la dague et la victime, une feuille de papier clamant en termes dénués d'ambiguïté : « Ce salopard ne méritait pas de vivre. » C'est d'ailleurs là un des grands avantages du couteau sur le revolver : il permet de faire passer des messages sans risque que ceux-ci s'envolent au vent mauvais.

59. Géographie

> « Un manuel scolaire situe le Mont-Saint-Michel en Bretagne. »
>
> *Le Télégramme*

L'AFFAIRE A FAIT un beau barouf. Pendant, disons, deux ou trois jours. Et cela pour pas grand-chose dans le fond : dans un livre de géographie pour classe de première paru à la rentrée 2015, une infographie a par erreur rattaché le Mont à l'Ille-et-Vilaine donc à la Bretagne, et pas à la Manche donc pas à la Normandie. Encore ne s'agissait-il que d'un encart détaillant la subtilité des partenariats État-région dans le cadre des aménagements de la baie du Mont. Bref, rien.

Pourtant quelques Normands se sont sentis très momentanément spoliés. La « Merveille de l'Occident », c'est à nous, pas aux eux, se sont-ils étranglés. Ah bon. Ils se trouvent donc des gens pour revendiquer bec et ongles le supermarché à souvenirs et à omelettes de la mère Machin. Est-ce par passion pour les boules à neige et les bols à prénoms ? La réunion des Haute et Basse Normandie s'est-elle accompagnée d'un grand inventaire, histoire de ne rien oublier en route ?

Il est temps de mettre un terme à ces alarmes vaines et récurrentes car la France a d'autres chats à fouetter. Appelons-en à la sagesse de la science, ouvrons les livres d'histoire, de géographie et de droit pour sortir de cette guerre picrocholine. Ces derniers nous suggèrent quatre pistes.

1. Un rattachement du Mont aux îles anglo-normandes, donc à la Couronne britannique. C'est ce qui est arrivé à l'archipel des Minquiers, îles situées au large du Mont qui étaient réclamées par la France et le Royaume-Uni. En 1953 la Cour internationale de justice de La Haye a tranché en faveur d'un rattachement à Jersey. Donc à l'ancien duché de Normandie. Donc à la Couronne, puisque les souverains britanniques se trouvent avoir hérité du titre de duc de Normandie. Les Minquiers s'en portent à merveille : on n'y voit aujourd'hui pas le moindre touriste japonais ni le moindre parking. Il est vrai que ces îles sont désertes et difficilement accessibles. Mais en poursuivant suffisamment longtemps les travaux de désensablement de la Baie, n'arriverait-on pas à expédier le Mont suffisamment au large ?
2. L'indépendance pour le Mont. Le modèle cette fois est Saint-Malo. Quand la ville était encore une île, elle se constitua en république autonome. Cela ne dura guère que quatre petites années (entre 1590 et 1594) mais les Malouins en gardent un bon souvenir : « Ni français, ni breton, malouin suis. » Certes, les marchands étaient riches à l'époque, ils avaient les moyens de cette indépendance. Mais ceux du Mont ne l'ont-ils pas tout autant ?

3. Un rattachement à la ville de Paris. Le Mont deviendrait l'antenne manchoise de la capitale. Cette solution flatterait nos inclinations jacobines. D'ailleurs, Paris possède déjà un petit bout de terre par là : celui sur lequel est posée la maison de Victor Hugo, à Guernesey. Ce ne serait donc guère qu'un élargissement. De surcroît, il serait possible de faire des tickets d'entrée combinés pour le Mont, les tours de Notre-Dame et la maison Hugo. Le touriste serait heureux et la rationalité économique satisfaite.
4. Une terre d'accueil pour réfugiés climatiques. Le niveau de la mer monte partout, sauf autour du Mont-Saint-Michel où c'est le contraire apparemment. Les habitants des îles Tuvalu, qui ont déjà quasiment le pagne dans l'eau, seraient très heureux d'aller se mettre au sec sur la Merveille. Ils danseraient le *fakanau* en remontant la Grande Rue, ils reconstruiraient une vraie route vers le continent pour aller faire la fête tous les soirs à Avranches. Le Mont désormais tuvaluan irriguerait la France de sa culture et de ses devises.

Nous avouons une préférence pour la solution n° 3, pour autant qu'une gare TGV soit bâtie directement au pied de l'abbaye.

60. Cinématique

> « Des trafiquants de drogue utilisent une catapulte pour lancer du cannabis au-dessus de la frontière. »
>
> ABC News

L'HISTOIRE RETIENDRA que c'est le 21 janvier 2011, à 18 h 44, heure de la *Mountain Time Zone*, que, pour la première fois, une catapulte a servi à faire passer de la drogue au-dessus d'une frontière. Le décollage a eu lieu au nord du Mexique, dans l'État de Sonora. Les paquets ont atterri dans l'extrême sud des États-Unis, en Arizona, quelques centaines de mètres plus loin. On dispose d'assez bonnes images de cette première mondiale, captées par des caméras de surveillance des gardes-frontières américains. Ces derniers ont alerté la police mexicaine, qui s'est rendue sur place sans trop d'empressement, semble-t-il, puisque les trafiquants ont eu le temps de s'enfuir, laissant derrière eux seize kilos de marijuana, un 4 × 4 et la fameuse catapulte.

La catapulte, nous informe une célèbre encyclopédie en ligne, aurait été inventée en 399 avant notre ère, à Syracuse, sous le règne du tyran Denys l'Ancien. Cependant la même source nous indique un peu plus loin que les premières catapultes connues sont apparues sous les Perses achéménides au VIe siècle avant notre ère. Si bien qu'on ne sait plus très bien ni par qui ni quand a été inventée la machine à envoyer des gros cailloux et du chanvre indien. Peu importe d'ailleurs, car l'usage de la poudre (à canon) a fini par expédier les catapultes au musée.

Les canons, c'est tout de même plus efficace que les bricolages achéménides. Plus précis aussi. Mais alors pourquoi les trafiquants mexicains n'ont-ils pas expédié leur cannabis à coups de grosse Bertha ? Avec de bons artilleurs, ils auraient pu livrer la marchandise directement dans les bars de Tucson et de Phoenix, du moins ceux dont les clients ne crachent pas sur un petit pétard. Notre hypothèse est que les *narcos* ont préféré la catapulte en raison du relatif silence dans lequel cet engin opère. Ça fait plop, puis whizzzz, puis pouf. Et la marchandise est livrée. Par ailleurs, la machine achéménido-grecque est bien meilleur marché qu'un obusier, il est même possible de la fabriquer soi-même si l'on est un peu bricoleur, alors qu'aujourd'hui le moindre canon coûte une fortune (quoiqu'on puisse encore dénicher des Howitzer M 101 à des prix abordables sur les marchés parallèles).

Le trafic de drogue a tout essayé : avions, hélicos, autos, mobylettes, Vespa, vélos, chevaux, mules humaines ou mules tout court, *speed-boats*, et même sous-marins. Il lui reste à tester la lévitation et la téléportation. Cette dernière n'est cependant pas totalement au point. Le mieux que l'on puisse faire aujourd'hui dans ce domaine, comme y ont réussi des physiciens du Maryland en 2008, c'est de transférer de manière instantanée l'état quantique d'un atome d'ytterbium vers un autre, situé à 1 mètre de lui. Hélas l'ytterbium ne se fume pas. Du moins personne n'a encore essayé à ce jour. Téléporter tout un joint est un exploit qui semble rester hors de la portée de la meilleure science, mais les chercheurs ne nous disent peut-être pas tout.

61. Physique

> « Un homme disparaît sur un ferry entre Douvres et Calais. »
>
> *20 Minutes*

QUAND LE BATEAU est arrivé dans le port français, à 2 h 30 du matin, tous les passagers enregistrés sont descendus du bateau à l'exception d'un Espagnol de quarante-neuf ans. Pendant cinq heures, le personnel de bord a fouillé le navire. En vain. L'homme est-il tombé à la mer ? Son corps n'a en tout cas pas été retrouvé à ce jour. Peu auparavant, dans une forêt de Toscane (Italie), des promeneurs étaient tombés sur un homme barbu et sale, qui apparemment vivait en ermite dans les bois. Il s'agissait d'un autre Espagnol, médecin celui-là, porté disparu depuis 1995 et déclaré mort en 2010, qui avait préféré s'extraire du monde suite à une dépression. L'ermite a d'ailleurs repris sa fuite après avoir été découvert.

De ces deux faits divers, on déduira que l'Espagnol a une tendance à l'évanescence. L'Italien aussi, remarquez. Prenez Ettore Majorana. Ce physicien sicilien, parmi les plus brillants du XXe siècle, semble s'être évaporé dans la nuit du 27 au 28 mars 1938 alors qu'il voyageait sur un ferry entre Palerme et Naples. Nul ne l'a vu débarquer, et son corps n'a jamais été retrouvé. Suicide ? Enlèvement ? Assassinat ? Fuite ? Soixante-dix ans plus tard, un autre physicien, ukrainien cette fois, a proposé une autre hypothèse : Ettore Majorana se serait autoexpédié dans un monde parallèle. Plus exactement, a argumenté Oleg Zaslavskii, spécialiste de la physique gravitationnelle, le physicien italien aurait mis en scène sa sortie de manière à brouiller les pistes, en laissant ouvertes de multiples voies. En cela, Majorana n'aurait fait que s'appliquer à lui-même les principes de sa spécialité, la mécanique quantique, pour laquelle le monde (des particules) est régi par des lois de probabilité et non des certitudes. Le physicien italien, alors âgé de trente et un ans, se serait en quelque sorte placé dans une superposition d'états (mort, vivant, enfui, etc.). Évidemment, dans la réalité, un seul état est survenu.

Majorana était un bon candidat pour ce genre de spéculations. C'était un type secret, torturé, doublé d'un perfectionniste hyperbolique. Avant même Werner Heisenberg, il avait élaboré une théorie du noyau atomique mais, la jugeant imparfaite, refusa de la publier. Il interdit même à son collègue Enrico Fermi d'en faire état lors d'un congrès, sauf à présenter cette théorie comme étant l'œuvre d'un « vieux professeur de génie électrique de l'université de Rome ». Apparaît ici un trait singulier du jeune Sicilien : il semble fasciné par les jeux avec l'identité. Entre 1933 et 1936, Majorana se coupe du monde, lisant beaucoup et notamment les œuvres de Pirandello, théâtre dans le théâtre où les identités se dissolvent. En 1937, Majorana réapparaît brièvement sur la scène de la physique théorique en signant son papier le plus saillant, où il soutient que le neutrino est à la fois matière et antimatière. Arrive enfin cette fameuse nuit de mars 1938 durant laquelle il s'évapore en mer tyrrhénienne.

Cette disparition a suscité quantité d'œuvres (essais, romans, documentaires, pièces de théâtre et bandes dessinées) qui ont élevé le jeune Sicilien au rang de mythe. Dans *La Disparition de Majorana : une affaire d'État ?*, l'historien des sciences Umberto Bartocci a émis l'hypothèse que Majorana, suspecté d'une certaine fascination pour l'Allemagne nazie lors d'un séjour à Leipzig en 1933, a été kidnappé par des agents du IIIe Reich, ou peut-être liquidé par les services secrets américains. La théorie d'une « disparition quantique » avancée par le physicien ukrainien Oleg Zaslavskii est dans le fond à peine plus folle. Dans les dix-sept pages de son article « Ettore Majorana : mécanique quantique de la destinée » (http://arxiv.org/abs/physics/0605001), Zaslavskii procède à une analyse serrée des derniers jours de l'Italien et met en évidence bon nombre de contradictions dans son comportement. Peu avant son voyage en bateau, Majorana expédie à son supérieur à l'université de Naples une lettre dans laquelle il annonce vouloir mettre fin à ses jours. Plus tard, il lui fait parvenir un télégramme dans lequel il assure avoir renoncé. Puis à nouveau une lettre où il dit espérer que la première lettre et le télégramme sont arrivés en même temps.

Pour Zaslavskii, il y a une cohérence dans ces extravagances. Majorana aurait voulu simultanément être et ne pas être, à l'image du chat de Schrödinger, ce paradoxe fameux de la mécanique quantique. Face à la difficulté d'appréhender les états superposés prévus par cette physique, l'Américain Hugh Everett a naguère émis l'hypothèse que tous ces états se réalisaient simultanément, mais chacun dans un monde différent. « Peut-être existe-t-il des mondes dans lesquels Majorana s'est suicidé, suppute Zaslavskii. Mais peut-être en existe-t-il d'autres où il est parvenu à surmonter son pessimisme et à survivre. »

D'où l'on conclura qu'un nouveau chantier de la physique théorique s'est peut-être ouvert entre Douvres et Calais.

62. Psychiatrie

> « Dans l'avion, elle surprend son voisin en train de rédiger une lettre de suicide. »
>
> *New York Daily News*

L'AVION N'AVAIT PAS encore décollé de l'aéroport de San Francisco. Sa destination était Austin, Texas. Il y avait 108 passagers à bord, dont l'un, à peine assis, s'était mis à griffonner nerveusement dans un carnet vert à spirale. Sa voisine, intriguée, a regardé par-dessus son épaule et découvert que l'homme consignait ses dernières volontés. Pire : il indiquait qu'il voulait emmener d'autres personnes avec lui dans la mort. La femme a prévenu discrètement le personnel de bord, et le pilote a annoncé aux voyageurs que l'avion devait retourner à la porte d'embarquement « à la suite d'un problème technique ».

Dans le métro, lorsque les haut-parleurs annoncent une interruption du trafic pour problème technique, l'encre de la lettre de suicide est généralement sèche depuis bien longtemps et le désespéré déjà sous la rame. Le transport aérien ne fonctionne pas de la même manière. On ne se jette pas sous les roues d'un avion, et le suicide ne peut être que collectif. D'où l'importance de vérifier la santé mentale de chaque passager avant le décollage. À San Francisco, les forces de l'ordre ont fait irruption dans l'appareil et ont embarqué le suicidaire pour le confier à des psychiatres aux yeux gourmands, tandis que des chiens reniflaient tout l'habitacle à la recherche d'explosifs et de sandwichs encore mangeables. Il n'y en avait aucun.

Il est possible que le texte d'adieu ait été confié à des chercheurs, car la science aime à se pencher sur ce type de prose qui constitue un genre en soi. Il ne s'agit pas d'en évaluer les qualités littéraires (bien qu'on en ait vu de très belles) mais de parfaire une typologie. L'objectif est, d'une part, de chercher à déterminer quelle solution à quelle situation visait le suicidaire en voulant se supprimer : cette combinatoire est extrêmement riche et diverse. Il est, d'autre part, d'établir des regroupements et des classes, travail minutieux qui peut être utile à l'analyse d'autres cas voire à la prévention de passages à l'acte. Dans une thèse de doctorat de 300 pages, titrée « The Language of Suicide Notes », une étudiante de l'université de Birmingham a relevé que la plupart des lettres d'adieu étaient d'une longueur inférieure à 100 mots, et que plus de la moitié d'entre elles en comptaient moins de 75, quel que soit le sexe de l'auteur. Chose étonnante : les lettres de 75 à 99 mots avaient trois fois plus de chances d'avoir été écrites par des femmes, tandis que celles qui excédaient les 100 mots avaient le plus souvent un auteur masculin. On ne sait trop ce qu'il est possible de tirer de telles données, surtout lorsqu'on est sanglé à bord d'un avion près d'un passager fébrile.

Plus intéressants, dans l'étude de Birmingham, sont les détails qualitatifs et les exemples donnés de la prose suicidaire. « Alors que je suis assis avec ce revolver dans ma main, avec lequel dans quelques minutes je vais m'ôter la vie, je repense à toutes les merveilleuses minutes et années que j'ai passées avec toi » est un exemple classé à la rubrique « Mélodramatique ». Quand on commence de cette manière, il y a des chances qu'on aille largement au-delà des 100 mots.

Il ne semble pas y avoir de longueur maximale. Une lettre commencée dans la salle d'embarquement à Roissy peut très bien n'être pas terminée à l'arrivée à Sydney. Il suffira de jeter un œil de temps à autre sur les travaux d'écriture de votre voisin, éventuellement l'encourager à développer tel ou tel passage (« Adieu monde cruel », n'est-ce pas un peu convenu, un peu sec ?). Une fois débarqué de l'avion, la peine de cœur ou la soudaine faillite de l'occupant du siège 27B ne sera plus votre problème. Vous n'aurez plus alors qu'à passer la douane.

63. Linguistique

> « Accusé de vol par un vigile, il se met tout nu dans le magasin et hurle : “Je te crève, sale enculé de nègre” ».
>
> *La Dépêche du Midi*

L'INCIDENT, qui s'est produit dans un magasin de sport de Toulouse, ne mériterait pas qu'on le relate s'il n'était susceptible de faire progresser la science. L'homme sortait de la boutique lorsqu'un agent de sécurité, qui venait de découvrir un antivol cassé, lui a demandé de revenir. Le client très aviné s'est alors emporté, se mettant entièrement nu avant de proférer des injures racistes. Cet épisode, filmé par un badaud, a rapidement fait le tour des réseaux sociaux, plus vite en tout cas que n'importe quelle citation de Voltaire ou de Victor Hugo.

Les injures et insultes sont un champ de recherche très fécond en sciences du langage. Y sont consacrés depuis une trentaine d'années un nombre croissant de colloques et d'articles savants, ainsi qu'une revue. Certes, la plupart des chercheurs soulignent qu'un traitement purement linguistique du phénomène est inadéquat et que la « prise en compte de facteurs pragmatiques » est essentielle à sa compréhension car, comme le rappellent les Canadiens Marty Laforest et Diane Vincent, « si l'insulte relève des formes lexicales qui impliquent un jugement de valeur négatif, elle est aussi et certainement avant tout un acte social porteur de conséquences ». On risque notamment de se faire casser la gueule.

Cela étant dit, l'université a tout de même réussi à travailler la question sans qu'aucun chercheur soit roué de coups. Certains ont privilégié des approches lexicosémantiques ou syntaxiques visant à classifier finement les formes usuelles d'insultes. D'autres ont suivi des approches sociolinguistiques axées sur la fonction et les usages de certaines catégories de formes dites insultantes. D'autres encore se sont focalisés sur les approches pragmatiques au sens large en mettant l'accent sur la dimension performative, vocative de l'insulte, ou sur ses aspects énonciatifs. Enfin, l'approche ethnolinguistique qui s'est développée dans les années 1970 a tenté de répondre à la question : comment et quand insulter qui dans telle langue ?

À la lumière de ces travaux, on peut avancer que « je te crève » est clairement une menace (à dimension performative) et que « sale enculé de nègre » est un axiologique péjoratif se situant très haut sur l'échelle de la violence verbale. « Sale », « enculé » et « nègre » sont en eux-mêmes des termes dépréciatifs dont l'usage peut mener au tribunal, sinon à l'hôpital. On notera ici une forte charge sexuelle dans l'insulte, renforcée par le fait que l'insulteur se soit mis nu. La conjugaison de la violence verbale et de la nudité n'est d'ailleurs pas rare étant donné que ces deux formes de provocation peuvent se renforcer l'une l'autre.

« À poil, l'arbitre ! » est chose couramment entendue au bord des terrains lorsque les spectateurs contestent telle décision de l'homme ou la femme chargé(e) de veiller à la bonne tenue d'une rencontre sportive. « Aux chiottes, l'arbitre ! » est une variante usuelle, plus graphique encore, mais guère plus suivie d'effet que la précédente.

À Toulouse, les policiers ont débarqué avant les chercheurs. L'homme a accepté de se rhabiller mais ne s'est pas calmé pour autant puisqu'il a mordu l'un des fonctionnaires et distribué des coups de pied aux autres. Il a passé une nuit en prison avant d'être présenté à un juge. Quant aux témoins, ils sont rentrés chez eux pour, probablement, méditer cette remarque des chercheurs Abdelhadi Bellachhab et Olga Galatanu formulée dans leur article « La violence verbale : représentation sémantique, typologie et mécanismes discursifs » : « Approcher ou essayer de définir la violence verbale, c'est se retrouver devant un ensemble de réalités et de pratiques diverses et variées qui n'ont parfois de commun que le nom. S'il est un sens communément partagé, que l'on peut retrouver dans toutes les formes linguistiques ou les discours qualifiés de violents, qu'ils soient directs ou indirects, c'est celui du mal-être. »

64. Ethnologie

« Le passager d'un "cigare volant" qui a donné l'accolade à un paysan corrézien n'avait rien d'anormal. »

Nord Éclair

En 1954 s'est abattue sur la planète une véritable pluie d'OVNI. En France, plusieurs centaines de témoignages furent recueillis par la presse et la gendarmerie, en particulier durant l'automne. Si bien que les soucoupes et cigares volants se pointèrent presque quotidiennement dans les journaux et même dans le débat politique. Début octobre, un député interpellait le secrétaire d'État à l'Air (cette belle fonction existait à l'époque) pour lui demander si ses services avaient ouvert une enquête sur le phénomène « comme on l'a fait aux États-Unis et en URSS depuis de longues années ». La France déjà en retard ! Un autre député exigeait du secrétaire d'État aux Forces armées que ces cigares et soucoupes soient pris en chasse « pour être mieux observés, afin que le public sache exactement s'il s'agit d'autosuggestion collective à dissiper, ou s'il y a lieu de tenir compte de ces phénomènes, au point de vue de la sécurité et de la défense nationale ».

Relire les journaux de ce fameux automne 1954 laisse pantois. Titre aperçu dans *Le Monde* du 29 octobre : « À Florence, des “disques volants” interrompent une partie de football ». Le correspondant local du quotidien relatait que « depuis une semaine on voit un peu partout de ces engins mystérieux aux couleurs scintillantes de jour et de nuit, dans les nuées ou au ras du sol. Ils semblent se complaire particulièrement sur le centre de la péninsule. Les témoignages de gens de bonne foi qui les ont aperçus – marins qui n'ont pas la berlue, professeurs qui doutent de la pluralité des mondes habités, bourgeois et prolétaires aux nerfs solides – se chiffrent par centaines et sont impressionnants par leur concordance et leur précision ». Ainsi un match de foot qui se déroulait au stade de Florence devant quinze mille spectateurs dut-il être interrompu alors que la foule était survolée par d'étranges objets. Ce qui se passait sur le terrain n'avait plus guère d'importance.

La Croix, plus rompue aux apparitions divines qu'à celles des extraterrestres, allait jusqu'à annoncer le 2 novembre : « Un technicien américain révèle : “J'ai participé à la capture d'une soucoupe. Mais le pilote s'est échappé à bord d'un ‘cigare’ de sauvetage !” ». Dans ce climat de folie, on finit par ne plus s'étonner de rien, et les averses d'OVNI furent traitées comme une rubrique météo : « Le cigare volant du jour », titrait le 5 novembre le quotidien *Dernières Nouvelles* du Haut-Rhin pour signaler une énième observation d'objets lumineux dans le ciel.

Le pompon revient toutefois à *Nord Éclair* qui, dès le 16 septembre, annonçait en titre : « Le passager d'un “cigare volant” qui a donné l’accolade à un paysan corrézien n’avait rien d’anormal». Que l’extraterrestre qui embrassa Antoine Mazaud, paysan de Bugeat en Corrèze, ne fût pas anormal était en lui-même anormal (le Martien ne se doit-il pas d’avoir une quinzaine de doigts à chaque main et une tête ovoïde?) et valait bien qu’on le signalât. «Il y a dans les déclarations de M. Mazaud un indiscutable accent de sincérité, écrivait *Nord Éclair*. Il n’a pas, tant s’en faut, la réputation d’un farceur ou d’un illuminé, et les enquêteurs n’ont pas relevé la moindre faille ou la moindre contradiction dans ses déclarations. L’homme qu’il rencontra sur un plateau désert, le 10 septembre, vers 20h30, n’avait rien d’anormal dans son accoutrement ni dans son aspect, si ce n’est la forme assez particulière du casque qu’il portait sur la tête. Quand il se trouva face à face avec le paysan corrézien, il fit plusieurs inclinaisons de tête pour le saluer, lui tendit la main, puis lui donna l’accolade.»

Il était donc prouvé dès 1954 que le seul vrai extraterrestre, c’est l’homme lui-même. Qu’il usât de cigares volants ajoutait à son charme singulier. Précisons que tout cela se passait bien avant l’avènement des drones et des clowns maléfiques, ces émerveillements contemporains.

65. Économie

> « Des braqueurs se trompent de banque et font chou blanc. »
>
> *Sept sur Sept*

Deux hommes armés entrent dans une succursale de la banque Palatine à Levallois-Perret et réclament la caisse à une employée. Celle-ci est obligée d'expliquer aux braqueurs que Palatine est une banque d'affaires et non une banque de dépôts, c'est-à-dire que, hormis quelques billets dans son propre portefeuille, ils ne trouveront aucune espèce dans les locaux. Les deux hommes sont repartis comme ils étaient venus, en scooter, sans un euro de plus et l'air un peu idiot. C'était le hold-up le plus nul de l'année.

À l'attention de nos amis gangsters, nous avons réuni ci-dessous quelques éléments destinés à rendre plus fructueuse leur prochaine incursion dans le secteur bancaire ou financier. D'abord et avant tout, braquer une banque d'affaires, c'est comme attaquer un disquaire pour faire main basse sur des « disques d'or » : ça ne rime à rien. Un tel établissement est en fait une société de conseil travaillant pour des entreprises, se nourrissant principalement des honoraires que lui versent ses clients, sous forme de chèques ou de virements le plus souvent. En conséquence, les banques d'affaires constituent des cibles sans intérêt.

En revanche, l'art du hold-up peut être pratiqué dans le secteur financier, à condition d'avoir un minimum de connaissances. En effet, l'économie et les marchés se sont considérablement complexifiés depuis l'époque de la bande à Bonnot. On a vu en particulier apparaître des produits financiers liés à la titrisation du risque de crédit par les banques, dont la gestion exige de recourir à des mathématiques avancées et à une bonne exploitation de grandes bases de données. Pas moyen de dévaliser ça avec un flingue et un scooter, pour la simple raison qu'on ne saurait ni où garer le scooter, ni sur qui pointer le flingue.

Reste cette piste : procéder comme ces deux « chefs de salle » d'une grande banque qui, en 2000, ont obtenu respectivement dix et sept millions d'euros de bonus en agitant la menace de faire partir leurs équipes chez une banque rivale. Le mode d'emploi du braquage en col blanc est fort bien détaillé dans un document de travail du Centre d'études de l'emploi, sous le titre « Hold-up en finance : les conditions de possibilité des bonus élevés dans l'industrie financière ». L'auteur, Olivier Godechot, y explique qu'« outre une exploitation affûtée de la conjoncture, les deux chefs de salle prirent un point d'appui [*i. e.* la proposition de la banque rivale] pour menacer de façon crédible l'autre partie [*i. e.* l'entreprise] de malheur [*i. e.* le départ des activités dérivés actions] si jamais celle-ci n'acceptait pas de faire ce qu'ils lui demandaient [*i. e.* renégocier le contrat] ». Pour que les choses soient claires, et l'analogie parfaitement huilée, le chercheur souligne que, « lors d'un braquage, le point d'appui est l'arme à feu, le malheur réside dans le décès et la demande formulée est la caisse ».

Mais si le marché des produits dérivés vous semble par trop complexe, pourquoi ne pas arracher le sac à main d'une vieille dame dans la rue ?

66. Médecine

> « Elle porte plainte parce que son ex-conjoint oblige ses enfants à manger des légumes. »
>
> *Ouest France*

Oui, cette mère de famille reprochait à son ancien compagnon de forcer leur progéniture à manger haricots, concombres, brocolis, courgettes, épinards, endives, salsifis et autres vertes horreurs. La plainte, déposée à la gendarmerie de Briec dans le Finistère, n'a eu aucune suite : le parquet ne l'a pas jugée recevable car, pour les services du procureur, être obligé d'ingurgiter des légumes n'est pas assimilable à un acte de violence, du moins tant que ça ne passe pas par un entonnoir. L'Organisation mondiale de la santé elle-même ne préconise-t-elle pas de consommer cinq fruits et légumes par jour ?

Les enfants n'étaient peut-être pas ravis de cette cure, sans doute auraient-ils préféré des glaces et du jambon, quand bien même la consommation excessive de viande augmente les risques de cancer du côlon ainsi que l'a récemment établi le Centre international de recherche sur le cancer. Quant aux crèmes glacées... Bref, plus ça va, moins on sait ce qu'il faut donner à manger aux enfants. Et même quand on le sait, ceux-ci ne sont pas toujours d'accord. Ce n'est d'ailleurs pas de leur faute. L'enfant « difficile » devant son assiette est seulement un enfant prudent, affirme l'organisme britannique Cancer Research UK. Il aurait en effet hérité d'un trait évolutif qui lui fait considérer tout nouvel aliment avec suspicion. Hier, disons à l'âge des cavernes, les restaurants étaient rares, le cookie au chocolat n'avait pas été encore inventé et les plantes étaient (déjà) pleines de toxines. C'est vers cette époque que les enfants auraient appris à se méfier des légumes verts, des fruits bizarres et de la viande pas très fraîche. Question de survie tout bêtement.

Aujourd'hui, on s'y retrouve mieux dans ce qui est comestible et ce qui ne l'est pas, si bien que les gamins pourraient manger les yeux fermés sauf à vivre sous le toit de cuisiniers épouvantables ou de dangereux empoisonneurs. Or non, ils continuent de chipoter presque tous, à des degrés divers. Les chercheurs britanniques s'en sont donc allés débriefer 564 mères de bambins âgés de deux à six ans pour en savoir plus, tout cela pour constater, après des générations de parents, que les enfants difficiles boudaient légumes, fruits et viandes mais qu'ils n'avaient généralement pas de problèmes avec gâteaux, céréales ou pommes de terre. Ils en ont conclu que cette bouderie relevait d'une stratégie élaborée pour éviter les toxines. C.Q.F.D.

Hélas, cette prudence est devenue contre-productive. Près d'un tiers des cancers pourraient être évités par une meilleure alimentation, avec en priorité une consommation accrue de fruits et de légumes, ont calculé les chercheurs britanniques. Alors que faire ? Les préconisations de la science n'ont rien de très révolutionnaire : accoutumer l'enfant très jeune à manger de tout, lui montrer au préalable que tel nouvel aliment est comestible en le goûtant soi-même devant lui. Méditer sur le sens de la vie et de l'évolution peut aider à avaler la dernière bouchée.

L'évolution est décidément une théorie bien pratique puisqu'elle permet aussi d'expliquer nos réactions de dégoût. Il y a quelques années, 40 000 personnes avaient accepté de remplir un questionnaire proposé sur le Web dans lequel il leur fallait noter le degré de dégoût que leur inspiraient des photos affichées sur le site. Résultat : les clichés liés à la maladie (plaies, fluides corporels, etc.) ont été considérés comme les plus dégoûtants. Les responsables de l'expérience, des chercheurs de l'École d'hygiène et de médecine tropicale de Londres, en ont tiré cette conclusion : la fonction du dégoût au regard de l'évolution serait de nous protéger de la maladie.

Cela explique sans doute pourquoi, à table, une omelette aux vieux pansements souillés fera un bide chez les petits comme chez les grands. Mais cela ne nous dit rien des raisons pour lesquelles les petits Anglais continuent d'avaler des petits pois à la menthe. Ne seraient-ils pas en droit d'aller déposer plainte à la gendarmerie de Briec ?

67. Zoologie

> « “Ne tire pas !” : les mots d’un perroquet pourraient être utilisés dans un procès pour meurtre. »
>
> *The Guardian*

LE PERROQUET GRIS du Gabon est réputé bavard, intelligent et sociable. Il réclame cependant beaucoup d’attention et une alimentation étudiée. Par ailleurs, évitez de tuer quelqu’un en sa présence car il pourrait cafter. C’est le cas de Bud, perroquet depuis bientôt vingt ans, qui ne cesse de répéter « *Don’t fucking shoot !* » (ne tire pas, bordel !) depuis que son propriétaire a été abattu de plusieurs coups de revolver. L’animal répète aussi – en y mettant les intonations – un dialogue qui ressemble fort à une dispute conjugale. La femme de la victime, elle-même blessée à la tête, est ainsi la principale suspecte, et son sort repose entre les mains d’un procureur du Michigan qui n’exclut pas de faire témoigner le perroquet. Ses services sont en tout cas en train d’étudier l’oiseau, tentant de lui tirer les vers du bec. « C’est une nouveauté intéressante et ce sera pour moi une excellente occasion d’en apprendre plus sur les perroquets africains », a déclaré à la presse le procureur qui, apparemment, ne prend pas les choses au tragique.

Cependant, il ne s'agit pas d'une complète nouveauté puisque, en 1993, les arguments d'un autre perroquet avaient déjà été examinés dans une affaire de meurtre, également aux États-Unis. Cette fois-là, c'était la défense qui avait appelé l'oiseau à la barre. Le perroquet en état de choc répétait « *No, Richard, no, no, no !* » alors que l'accusé se prénommait Gary. Ce dernier a tout de même écopé d'une peine de prison à vie, preuve que l'on ne se fie pas entièrement aux animaux de compagnie, pas plus d'ailleurs que ces derniers ne peuvent se fier à nous.

Avant de trucider le propriétaire d'un perroquet, il sera prudent d'abattre l'oiseau, on ne sait jamais. Idem si la personne vit avec un chien, un chat, un singe ou un cochon d'Inde. En 2014, une juge d'instruction de Tours avait tenté d'élucider un meurtre grâce au chien de la victime. Elle avait décidé de mettre en situation le principal suspect face à l'animal, accompagné d'un expert vétérinaire. Échec total. « Si le juge ne répond plus aux commandements de la raison et s'entoure d'experts qui sont déraisonnables, alors la justice devient très dangereuse », avait tempêté l'avocat de l'accusé, qui s'était empressé de dénoncer la juge au procureur pour maltraitance sur animal.

Reste le cas des poissons rouges. Ceux-là ne risquent pas de bavarder, mais pour l'assassin la tentation sera grande de jeter l'arme du crime dans l'aquarium juste après avoir commis son crime. Erreur courante, mais funeste ! C'est le premier endroit où regarde un enquêteur bien formé. Planquer le revolver dans le téléviseur n'est pas une bonne idée non plus, d'autant que la plupart sont plats désormais et que leurs capots réclament un bon quart d'heure de dévissage. Non, l'idéal est d'incendier la maison ou l'appartement en partant, puis de tirer sur tout être vivant qui viendrait à passer par là. Gardez une balle au cas où le perroquet ou le cochon d'Inde s'enfuirait à toutes pattes en criant : « Au secours ! »

68. Économie

> « Elle achète un congélateur et trouve un cadavre dedans. »
>
> AFP

UNE AMÉRICAINE de Caroline du Nord rachète un vieux congélateur à une voisine qui s'apprête à déménager. Quelques jours plus tard, elle ouvre l'appareil et découvre qu'il contient un cadavre, celui de la mère de ladite voisine. Ce sont des choses qui arrivent : tant de gens préfèrent, pour diverses raisons qui leur appartiennent, congeler leurs proches plutôt que de les envoyer au cimetière. Toutefois il est rarissime que le frigo ainsi garni soit revendu. La vendeuse avait-elle oublié qu'elle y avait fourré sa mère ? Souhaitait-elle s'en débarrasser sur le marché de l'occasion ?

S'il s'était agi d'un congélateur neuf, tout juste livré par un grand magasin d'électroménager, l'affaire eût été autrement intéressante car alors il aurait été possible de tracer un parallèle avec le magnifique plan-séquence qu'Alfred Hitchcock souhaitait glisser dans *La Mort aux trousses*, ainsi qu'il l'a confié à François Truffaut : « Avez-vous déjà vu une chaîne d'assemblage ? C'est fantastique ! Je voulais filmer une longue scène de dialogue entre Cary Grant et un contremaître de l'usine devant une chaîne d'assemblage. Ils marchent en parlant d'un troisième homme qui a peut-être un rapport avec l'usine. Derrière eux, la voiture commence à s'ajuster pièce par pièce, et on fait même le plein d'huile et d'essence ; à la fin de leur dialogue, ils regardent la voiture complètement ajustée à partir de rien, d'un simple boulon, et ils disent : "C'est quand même formidable, hein !" Et alors, ils ouvrent la portière de la voiture et un cadavre en tombe. »

Une scène équivalente aurait pu être tournée dans une usine d'assemblage de congélateurs. À la fin, Cary Grant aurait ouvert l'appareil et découvert le cadavre de sa mère ou de sa femme. D'intéressantes variations pourraient être obtenues avec une chaîne de montage de machines à laver ou de mobilier de bureau. Quoi qu'il en soit, le matériel neuf est toujours plus intéressant que le matériel d'occasion pour ce genre d'effet. Quoi de plus affligeant qu'un cadavre tombant d'un vieux placard ? Et quoi de plus stimulant que le même cadavre surgissant d'un appareil encore sous garantie ?

L'électroménager, en particulier l'électroménager dit « blanc » (frigo, lave-linge, etc.), est un des symboles les plus triomphants du marché. Produit par des robots immaculés, acheminé depuis Singapour sur des porte-conteneurs qui jamais ne dévient de leur route, livré dans des langes de plastique irréprochables, il arrive chez nous tout empreint de la fraîcheur d'un nouveau-né. Et voilà qu'un cadavre en tombe ! C'est le ver dans le fruit pur de la concurrence libre et non faussée. C'est le grain de sable dans les rouages des échanges internationaux. C'est la mort dans la jeunesse éternelle, obsolescence programmée des produits mise à part. Quelque chose de cet ordre travaillait peut-être le subconscient de Hitchcock lorsqu'il s'est mis à rêver de ce singulier plan-séquence.

Cependant notre monde n'est pas aussi pur que celui qu'a théorisé Adam Smith. Dans l'univers des produits d'occasion, la main invisible du marché tremble un peu, ce n'est pas celle d'un prestidigitateur mais d'un criminel médiocre.

La mort aux trousses, c'est la condition humaine.

Table

RÉALISATION : PAO ÉDITIONS DU SEUIL
IMPRESSION : CORLET IMPRIMEUR S.A. À CONDÉ-SUR-NOIREAU
DÉPÔT LÉGAL : OCTOBRE 2017. N° 134866 (190608)
IMPRIMÉ EN FRANCE